ここが一番面白い！

生命と宇宙の話

たとえば、地球は水の惑星ではなかった！

長沼 毅
Takeshi Naganuma

青春出版社

はじめに

地球外生命体の探索に影響を与える大発見！

地球外生命体の探索に影響を与える宇宙生物学上の発見！

２０１０年、ＮＡＳＡ（アメリカ航空宇宙局）はそんな声明を発表しました。一報を聞いてからしばらく、「ついに地球外生命体が発見されたのかも⁉」とワクワクした人も多かったのではないでしょうか。

しかし、後日行われたＮＡＳＡの発表は、「猛毒である『ヒ素』を食べて増殖する異質な生命体の発見」というものでした。

事前の声明のインパクトが強すぎたからか、「バクテリアかよ！」とがっかりする声が聞こえてきたもの。しかし、新種のバクテリアは貴重な発見であり、前代未聞の生命体だったことに変わりはありません。

では、バクテリアの発見がなぜ、宇宙生物学上重要な発見となるのでしょうか。そのつながりは、生命の誕生に必要な条件と関係しています。

宇宙生物学の世界では、生命が誕生するために次の3つの条件を満たす必要があるとされています。

1. 有機物があること

2. 有機物を反応させる場となる液体があること

3. 生命活動を維持させるエネルギー源があること

なかでも「1」の有機物（炭素化合物）は重要です。元素で言えば、炭素、窒素、酸素、水素、リン、硫黄など。この6つの元素は地球上の生物にとっていわゆる「親生物元素」と言われ、これらがほどほどにくっついて、私たちの体はできあがっています。

地球のすごいところは、生命の誕生以来、まさに「ほどほど」な状態を保ち続けていることです。たとえば、炭素化合物は反応を続けていくと、最終的に二酸化炭素か、メタンのどちらかになってしまいます。そうなってしまうと、もはや有機物として存在することは難しくなります。

しかし、地球上ではそこまで反応が進まず、さまざまな有機物が中間的な存在として（ほどほどに安定的な炭素化合物として）、40億年ずっと生命を形づくり続けているのです。

こうした「ほどほど」のことを専門的には「準安定」と呼びますが、これを維持するには大気と水のバランスが絶妙な状態で成り立っていることが必要です。

近くの惑星で言えば、火星の場合、大気はあるものの液体が極端に少なく、準安定からほど遠い状態にあります。

その点、地球では太陽光がエネルギー源となって植物が光合成を行います。光合成ではふたつの重要なことが行われます。ひとつは水を原料として（水を分解して）酸化剤である酸素と還元剤である水素が作られ、連続的に供給されます。もうひとつは、その水素と二酸化炭素が反応して有機物（たとえばデンプン）を作ることです。

しかも、有機物を作る反応の場となる液体の水が豊富に存在していたことで、有機物がほどほどに連結して生命が誕生しました。生命誕生のために、これほどの好条件が揃っている星は宇宙広しとはいえ、そうはないでしょう。地球は、ありそうでなさそうな奇跡的な星なのです。

猛毒のヒ素を生命維持に使うバクテリア

そして、この絶妙なバランスの中に新たな可能性を与えてくれたのが、ＮＡＳＡの発見でした。

はじめに言っておきますが、この発見は今ではあまり信じられていません。それでも、常識に凝り固まった私たちの頭をいったんは揺さぶってくれたことの意義はあるので、ちょっと説明しましょう。

アメリカのカリフォルニア州にあるモノ湖から採取されたバクテリア「ＧＦＡＪ－１」は、まったくの新種なのかと言えば、そうではありません。分類学的にいうとＧＦＡＪ－１は、ガンマプロテオバクテリアと呼ばれるありふれたグループに属する普通の〝新種〟です。

しかし、「ＧＦＡＪ－１」は従来の地球上の生物とは異なる仕組みを持っていました。炭素、水素、酸素、窒素、硫黄と並び生物に欠かせない元素「リン」の代わりとしてヒ素を取り込んで増殖するのです。

通常、リンはＤＮＡやＲＮＡなど核酸のらせん構造の骨格を成す物質のひとつで、生命にとって必須物質と考えられてきました。逆にヒ素は、たとえば私たち人間には中毒症状を起こす猛毒です。

しかし、このバクテリアはリンの代わりに猛毒のヒ素を生命維持のための基本的な元素として利用します。ヒ素を用いて新たな細胞などを作り出す。私たちが知っている普通の地球生物には見られない未知の機能です。

これが何を意味しているか。多くの人が「バクテリアかよ」とがっかりした一方で、宇宙生物学の研究者たちが沸き立ったのには理由があります。

その理由は、「生体を構成する元素を置き換える」という生物の可能性が示唆されたことです。これまでは炭素、窒素、酸素、水素、リン、硫黄という6つの有機物が揃わなければ、生命は誕生しないと考えられてきました。

この前提を崩し、炭素の代わりに別の何かを、酸素の代わりに別の何かを……という従来、サイエンス・フィクションの世界のアイデアだった仕組みを持つ生物。それがモノ湖から見つかったバクテリアによって真面目に議論されたわけです。

微生物を研究することが、地球外生命体の発見につながる

これは私にとっても、心躍る発表でした。

なぜなら、これまでは生物が誕生することはないと考えられてきた環境にも、何らかの生物が生きている可能性が出てきたからです。

冒頭、生命が誕生するための条件として、次の3つをあげました。

1. 有機物があること
2. 有機物を反応させる場となる液体があること
3. 生命活動を維持させるエネルギー源があること

この3つのうち、「GFAJ―1」の発見によって、有機物の多様性が大きく広がりました。毒だと思われてきた物質を使い、増殖する生物がいるということは、生命誕生のための条件も変わってきます。

つまり、猛毒のヒ素で増殖する生物の発見は地球以外の惑星における生命存在の可能性を広げただけでなく、地球外生命探査をする上でより広い視野に立って考える必要があるということです。このことの意義は、GFAJ―1の発表が誤りであったとしても、不変の価値を有しています。

私が「辺境生物学者」を名乗り、辺境に住む生き物を調べている理由のひとつが、ここにあります。地球の片隅で生きる微生物を研究することが、地球外生命体の可能性を知ることにつながる。そう考えるからこそ、私は多くの生き物にとって「生きにくい」条件の揃った辺境へ足を運んでいます。

環境条件があまりにも過酷で、生きるのさえ大変な場所。

深海、地底、南極・北極、砂漠、火山……生き物など何もいないだろうと思われがちな辺境にも、生命の連鎖は続いています。

辺境の生き物は人間を基準に考えれば過酷すぎる環境条件に耐え、あるいは適応して、絶えることなく子孫を残しています。

深海の高圧や火山の高温、南極の低温に砂漠の乾燥など。そういう極端な環境条件でもやっていける生き物には、必ずと言っていいほど飛び抜けた能力があり、それを知る度に地球生物の限界についての生命観が広がっていきます。


たとえば、GFAJ－1の発見で言うなら、モノ湖はアルカリ性で非常に塩分濃度の高い塩湖という意味で極端な環境でした。そこに生きるバクテリアならヒ素をリンの代わりに使うという飛び抜けた能力があるかもしれないと考えられたわけです。

また、私は辺境を旅する中で、酸素が欠乏した地底の奥深くにもたくさんの微生物が存在することを知りました。地球で最も寒くて乾燥している南極では、猛烈な塩辛さの中でも生きられる微生物ハロモナスを発見。北極や砂漠、高山や鍾乳洞にも足を運びました。

そうした辺境の生命を調べることで地球生命の多様性と可能性、その起源を探るための材料を得てきたのです。

地球の辺境と宇宙。そこに生きる者たちのつながり

そもそも私の旅の始まりは、１９７９年にあったふたつの大発見と関係しています。ひとつは地球の海底火山の３００℃を超す熱水噴出孔付近でチューブワームという、太陽の光も食べ物もいらない生き物の群生地が見つかったこと。もう１つは、同じころ、木星のガリレオ衛星の１つであるイオで火山が発見され、その隣の衛星エウロパにも「氷の下の海」の海底火山が想定されたことです。

この２つを結びつけると、「エウロパの海底火山には生命がいるのではないか？」という想像が広がりました。

チューブワームは太陽光の届かない深海に生息し、口も消化管も持たず、体内（特に細胞内）に持つ共生バクテリアの栄養供給によって育つ深海生物。その人智を超えた生態は、生命の多様性を物語ってくれます。

一方、イオでは活発な火山活動が確認されています。そのお隣のエウロパにも「氷の下の海」に海底火山が想定されています。海底火山があれば、生命体が存在する可能性も高い。そこにはチューブ

ワームのような生き物が群生しているかもしれません。かのSF作家アーサー・C・クラークはそんな想像の翼を大きく広げ、『2010年宇宙の旅』を書きましたが、2つの大発見は当時18歳の少年だった私にも大きな影響を与えたわけです。

地球の辺境と宇宙。そこに生きる者たちのつながり。

それを研究することが、生命の起源の謎に迫ることにも、地球外知的生命体の探索にもつながっていくのではないか。私はそんな期待を胸に日夜、辺境を旅しています。本書では、最新の生命科学の世界を紹介するとともに、宇宙へ、辺境へ、生命の誕生へと旅を続ける辺境生物学者の旅に同行していただきたいと考えています。

ここが一番面白い！　生命と宇宙の話◆目次

第1章　生命はどこからやってきたのか

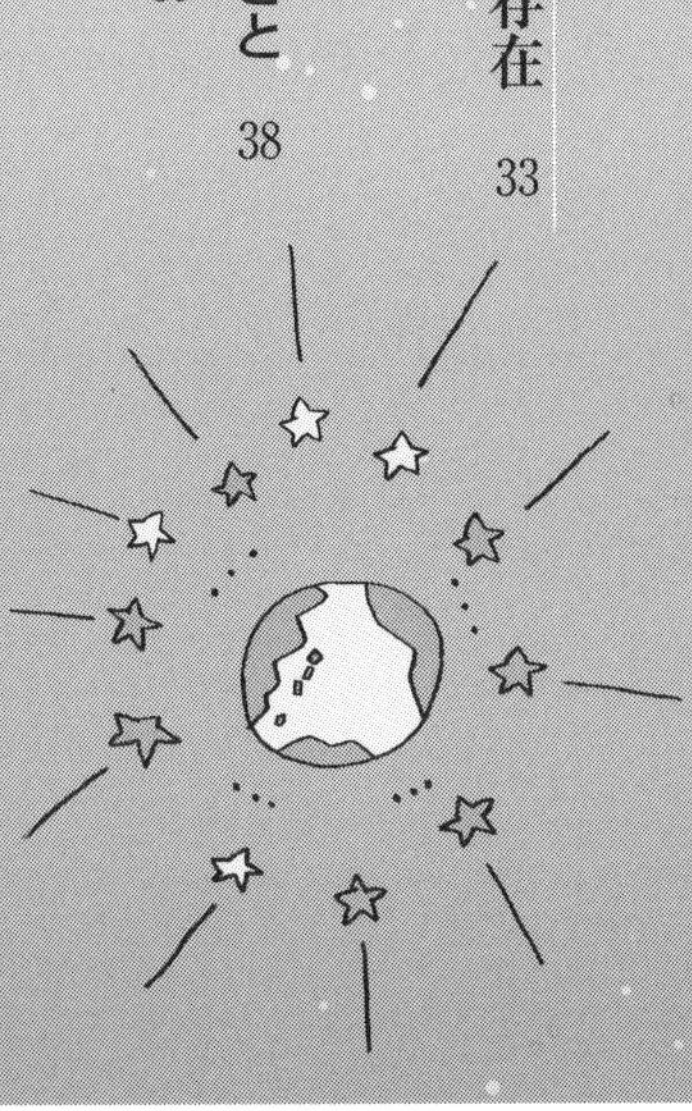

第2章　人間はなぜ、人間になることができたのか

第3章 広大な宇宙に第2の地球を探して

第4章 人類が宇宙へと旅立つ日

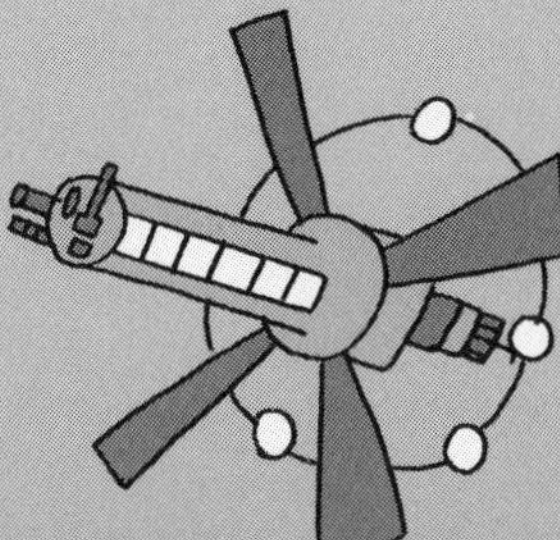

第5章 最後、宇宙は鉄になる

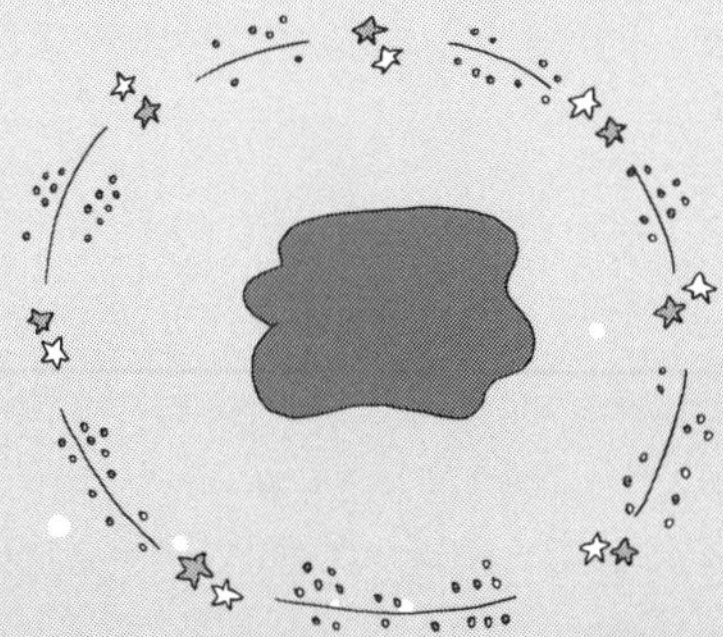

第1章

生命はどこからやってきたのか

人類はどこから来て、どこへ行くのだろう

生命をさかのぼると1点にたどりつく

大いなる疑問を抱いたのは、私が4歳の頃のことでした。

私は滑り台を滑り降りて着地した時、「今、僕はあの上から滑って降りてきて、ここにいるけれど、果たして僕はどこから来てどこへ行くのだろう」と思いました。当時は子どもでしたから、理路整然と自分の中に芽生えた気持ちを言葉にはできませんでした。

その時、私が感じたのは「人類はどこから来て、どこへ行くのだろう」という疑問だったのだと思います。自分の始まりと終わり、人間の始まりや終わり。その不思議を感じた瞬間でした。そして、今も私の中で「自分の始まりと終わり」は「生命の始

まりと終わり」とイコールです。

だからこそ、私は「生命はどこから誕生したか?」を研究対象の1つとして、今日も辺境の地を歩き続けています。


不思議なことに、地球上に存在するとされる百十数万種以上の生物は、系統をさかのぼるとすべてつながっています。例えば、これまで調べられた生物のタンパク質のアミノ酸について、こんなことが分かっています。アミノ酸にはいわゆる「左手型」と「右手型」といわれる分子の結び付き方のタイプがありますが、地球上の生物はなぜか共通して「左手型」なのです。


なぜこのようなことになったのか。諸説ありますが、有力なのはこの仮説です。

地球では、今から41~38億年前に、「重爆撃」といわれるほど、大きな隕石がたくさん降ってきた時期がありました。その際、地球全体がマグマに覆われてしまい、地中の奥深くにいた生物だけが、運良く生き残ったと考えられています。

しかし、地球の中心は高温ですから深すぎても助からない。結果的に、地底1000メートル程度にいた一種類の生命が生き残ったと想定され、それが現在の全ての生命の原点だとされています。

それが今にいたる「生命のつながり」だとして、その時、生き残った生物はどこからやってきたのでしょうか。つまり、生命はどこから誕生したのかという問いかけです。皆さんはどの説が有力だと考えますか？

1．海あるいは地底などから誕生したという「地球起源説」

地球のいわゆる原始スープと呼ばれる太古の海から、もしくは地底の奥深くから「偶然あるいは必然によって、生命が誕生した」という説。

2．神の創造によるあるいは無神経な「自然発生説」

アリストテレスらが主張する、鉄や石などの非生物的物質から生物がわき出したとする説。

3．宇宙からやってきたという「宇宙起源説」

生命の起源は地球ではなく、他の天体で発生した生物が隕石などによって飛来。地球に到達したとする説。

宇宙起源説＝パンスペルミア説

「2」の自然発生説が信じられていたのは、19世紀にパスツールが「生命は生命から」と説いた時まで。しかし、いちばん最初の生命だけは自然発生か神が創造しなければなりません。神の創造は科学の発展とともに信じられなくなり、20世紀は「地球の生命は地球上で自然発生し進化した」とする「地球起源説」が主流でした。むしろ、この想定を疑う科学者は極めて少数で、長い間、最初の生命体は地球上で「自然発生」したとする考えが広く受け入れられてきました。

一方、「3」の「生きている細胞あるいはその材料となる前駆体は宇宙からやってきた」とする「宇宙起源説」の可能性については、SFとして人々の関心を呼ぶことはあっても、科学の対象とは考えられてきませんでした。

ところが、21世紀に入り、生化学・分子生物学の発展や宇宙生物学の研究が進んできたことによって、地球の生物は地球外の生命体から発生したというアイデアが現実味を帯びてきたのです。

もちろん、数からいうとまだまだ「地球起源説」を支持する研究者が多数派です。それでも「パンスペルミア説」（注1）とも呼ばれる、地球生命の宇宙起源説に注目が集まっていることは間違いありません。

というのも、地球起源説の考えで言えば、もし、宇宙にはいくつもの地球に似た天体があるならば、生物がそれらの天体でも誕生している、あるいは「生命の種子」が播かれていると考えるのが自然です。だからこそ、後者のケースの「パンスペルミア」すなわち「生命の種子」が宇宙空間を飛び交い、地球に飛来し、進化して人間になったと考えてもおかしくないのではないか。

私はそう考える方がシンプルで美しいのではないかと思っています。

（注1）１９０６年、スウェーデンのノーベル賞化学者スヴァンテ・アレニウスによって名付けられた仮説です。パンスペルミアとは「pan：汎 sperm-ia：胚種」で、宇宙胚種とでも呼ぶべき生命体を意味します。地球の生命は地球で生まれたに決まっているという先入観を打ち破ったという意味だけでも、大きな意義のあるものでした。

生命の素は空から降ってくる

億年前の岩石に潜む微生物が目覚める時

辺境の生物学は「生命の種子」が宇宙からやってきた可能性を検討することにつながり、生命の起源が地球にあったのかどうかを探ることにつながるのではないでしょうか。

なぜなら、地球ないしその他の天体で生命の起源が誕生した頃の環境は、現代でいえばこうした辺境生物圏に近かったと考えるから。つまり、辺境の生命を調べることは、地球に生きる生命の多様性と可能性、そしてその起源を探るための材料となりうるはずなのです。

たとえば、南極・北極は一見、氷に包まれた生命の乏しい世界のように見えます。しかし、夏の時期に行くと氷の下にある岩盤があらわになっている。すると、氷の上に空から降ってくる微生物、雪とともに降ってきて氷の中に閉じ込められた微生物、岩盤と氷の間に生きる微生物などを採取することができる。彼らは氷が溶けると、仮死状態の冬眠から復活します。

とはいえ、南極、北極の氷そのものはいちばん古いものでも、せいぜい80万年か、150万年。始まりを探るには若すぎる。その点、琥珀や岩塩はより魅力的です。ヒマラヤの岩塩は何億年も前に固まったものですから、そこにいる微生物も当然、億年前のものです。

こういう試料を採取すると不思議なことに気づきます。たとえば、北米の地下500mの、たぶん2億5000万年前に固まった岩塩の地層から取った微生物と似たものが、サハラ砂漠の砂の中からも見つかります。現代のサハラ砂漠と2億5000万年前の北米の岩塩との間にどのようなつながりがあるのか。その謎はまだ解明されていませんが、人間には想像もできないタフな環境にも多様な生物がいて、思わぬ場所から採取することができます。

風が地球の隅々まで命を運ぶ

たとえば、チリにあるアタカマ塩湖。ここは地球上でもっとも乾燥している場所のひとつです。

いちばんの乾燥地は南極のドライバレーですが、そこは無人の地。一方、アタカマはかつてインカ帝国の一部として栄え、現在は銅鉱山、リチウム鉱山があります。南回帰線の真下、南半球の夏至に当たるクリスマスには太陽が真上に上がり、影ができないという場所で、人の住む環境ではアタカマが最も乾いた土地です。湿度で言えば、0％。リップクリームを塗らなければ、すぐに唇ががさがさになります。

そんな場所にも微生物はいます。私が対象としているのは1000分の1ミリの世界。大腸菌と同じ大きさです。髪の毛の太さが10分の1ミリですから、当然、肉眼では見えません。

そこで、塩湖の塩や砂漠の砂を採取。取ったサンプルに「微生物がいる」と信じて、大学に戻り、培養していくわけです。この時、何もいなければいないでうれしいもの。「こうした条件下では微生物さえもいない」と確認できるからです。

とはいえ、私が歩いて回った範囲でまったく微生物がいなかったのは、南極の氷河の下、それも氷の移動によって削られて新たな面を出した岩盤くらい。そんな場所に新たに定着できるものがあるとしたら、それは空からやってくるものたちなのです。

たとえば、日本でも問題になっている黄砂。あれはゴビ砂漠から舞い上がり、ジェット気流に乗って海を越え、13日間かけて世界を一周します。その黄砂の中にも微生物がいて、世界中に散らばっていることはすでにわかっている。ただし、ジェット気流は偏西風ですから地球を〝横方向〟に回っています。

ところが、南極や北極にもゴビ砂漠の黄砂の中にいるものと同じ微生物が見つかっているのです。

地球に向かって〝縦方向〟へ、どういうメカニズムで運ばれていくのか。解明される日はそう遠くはない（注2）と見ていますが、皆さんに覚えておいてもらいたいのは「空から降ってくる」という点です。私は、ここに生命誕生の鍵が隠されていると見ています。

（注2）南極と北極のグリーンランドで同じ微生物が採取されました。つまり、地球上では横方向だけでなく、縦方向にもさまざまなものが融合されているということです。今度は、成層圏のエアサンプルを採取して、ぜひとも微生物を見つけたいです。

生命の起源を探るうえで見逃せない火星の存在

探査を阻む、火星人の呪い？

生命の起源を探る上で、気になる星は何と言っても火星（注3）です。

というのも、南極のドライバレーやアタカマ塩湖の環境は、火星に非常に近いと考えられています。極論かもしれませんが、そこに生物がいるのだから火星にもいてもいい。じつは、同じことを多くの研究者や研究機関が考えていて、ＮＡＳＡもそのひとつです。

２０１２年8月6日、火星探査機キュリオシティが火星に着陸しました。6個のタイヤが付いた探査車（ローバー）で、着陸から現在まで精力的に火星の表面を走り回り、生命の存在、痕跡をみつけようとしています。

（注3）　火星は太陽から4番目の惑星で、地球のすぐ外側を回っています。主に岩石からなる地球型惑星の1つで、火星の地表面が赤く見えるのは、酸化鉄（赤さび）を多く含む岩石で覆われているため。

火星は、月に次いで、たくさんの探査機が送られた天体です。その数はじつに50機以上。ところが、その多くが失踪したり行方不明になったりしていて、関係者の間では冗談混じりに「火星人の呪い」と噂されています。

たとえば、２００８年5月に着陸した探査機フェニックスは、氷が豊富にある火星の北極地域、地球でいうアラスカの辺りを探査。ロボットアームなどを使い、5ヵ月間にわたって北極周辺の土壌を調べ、火星の地下に大量に存在する氷を発見しています。その他、液体の水に含まれるミネラルや火星上空での降雪も確認しましたが、２００８年11月2日を最後に音信不通に。

いずれ、キュリオシティも火星人に襲われるのではないかとか、キュリオシティに搭載されているレーザー光線（注４）は「火星人の呪い」への攻撃用なのではないかとか、研究者の間ではそんな噂話が飛び交っています。

冗談はさておき、火星に水があった痕跡を発見した探査機のひとつ、いや、ふたつは、双子の探査車（ローバー）スピリットとオポチュニティです。スピリットはかつて湖の底であったとされるグセフ・クレーターに、オポチュニティはかつて広大な海の底であったとされるメリディアニ平原に、それぞれ２００３年に着陸しました。

（注４）岩石を蒸発させるほど強力なレーザー光線で、火星の岩石や土壌の元素分析に用いるとされています。

その後、この2台のローバーは火星表面の地質構造や鉱物組成の分析を行い、水があった痕跡を多数発見したのです。当時、水の痕跡発見のニュースは火星での生命発見ないし、生命の痕跡発見の可能性を期待させました。

しかし、フェニックス、スピリット、オポチュニティは結局、生命の体を作る材料、あるいは生物の体の破片である有機物を発見することはなく、いったん、火星での生命発見はありそうにないと考えられるようになりました。そこへ有機物くらいは見つけようと送り込まれた切り札が、キュリオシティというわけです。

火星発―地球行き、生命の片道切符

キュリオシティが有機物を発見し、火星に生命の痕跡があったと明かされた場合、これは地球の生命の起源にも大きな影響を与えます。

そもそも生命が地球外で誕生したと考えるのは、さほど無理のある話ではありません。タンパク質の材料であるアミノ酸などの有機物は、他の天体や宇宙空間でも生成され得ます。屁理屈のようなことを言えば、地球も宇宙の一部なのですから、有機物が地球だけで作られると考えるほうが不自然でしょう。

というのも、生命の起源を地球に求めるとすると、地球の誕生から生物の誕生まで数億年しか時間がありません。しかし、宇宙に起源があるとすれば、その何倍もの時間をかけることができるのです。ただし、逆に、条件さえそろえば、生命の発生にさほど長い時間はかからないだろうという考えもあります。

星の数ほどある天体のどこかで生命が誕生する。宝クジの当たりクジを引いた場所が、火星である可能性を考えるのは必ずしも突飛な話ではありません。

なぜなら、ある考えでは、生命誕生にとって重要な高分子有機物が自然発生するためには水があるだけではなく、乾燥と湿潤の繰り返しがあったほうが有利と想定されています。そして、乾燥と湿潤がくり返される場としては、陸と海の境界線が理想的です。

そういう目でこれまでの火星の探査データをみると、どうやら38億年前の火星には海と陸の両方があったようです。今の地球のように豊富な水があり、大陸があり、空気があった。今は乾燥して赤茶けていますが、時間を逆算すれば、火星は今の地球と同じ姿だった（注5）。つまり、地球よりも生命誕生に適した環境があったと考えられます。

一方、その頃の地球は「重爆撃」と称される巨大隕石の衝突が頻繁し、生命誕生どころではなかったかもしれません（前述のように、地底の奥深くで誕生した生命の系譜がいま私たちにつながっているという考えもありますが）。

とすると、こんな説も現実味を帯びてきます。

火星で地球よりも先に生命が誕生し、岩石の中に生きていた生物……おそらくはバクテリアなどの微生物が、なんらかの方法で地球にやってきたのではないか。たとえば、火星に隕石が衝突し、岩石の一部が宇宙に飛び出し、その中にいた微生物が地球へやってきた可能性もゼロではありません。隕石による生命のデリバリーです。

言わば、火星発―地球行きのパンスペルミア説。私たち地球人は、火星の生命の末裔である。これもまた、地球の生命の起源を探る仮説の1つとして十分な説得力を持ちうるのです。

（注5）火星は地球と同じく地軸が傾いているため、現在も四季があります。気温は時期と場所により20℃～130℃まで幅があり、平均気温は55℃と低温。しかし、過去には豊富な液体の水に加え、もっと濃い大気による温室効果のため気温も生命が暮らすのに適していた時代があったと推測できます。

微生物のような構造体の化石が意味すること

火星からの隕石によって生命がデリバリーされたのではないか？

じつは、そんな仮説を裏付けるような隕石はすでにみつかっています。それが１９８４年に南極大陸のアラン・ヒルズという場所で発見された「ＡＬＨ８４００１」（注６）。この隕石が火星からやってきたとわかったのは、１９７６年、独立２００周年に合わせてアメリカが着陸させた火星探査機バイキングの功績です。

バイキングは火星の大気の組成を解明。そのデータとＡＬＨ８４００１を照らしあわせたところ、隕石に含まれていたガスの成分が火星の大気と一致したのです。しかし、このＡＬＨ８４００１が大きな注目を浴びたのは火星からの隕石だったという理由だけではありません。

隕石の発見から12年が過ぎた１９９６年、隕石の内部に微生物の化石のような構造体が確認されたのです。ミミズのような形状をしたそれは、地球に太古から存在して

（注６）通称「アラン・ヒルズ隕石」、正式名称を「ＡＬＨ８４００１」というこの隕石は、約40億年前に火星の溶岩から生成されたと推定され、これまでに発見された火星由来の岩石として最古のものとされています。

いるとされるシアノバクテリア（注7）によく似た構造体でした。シアノバクテリアは、それまで地球上にほとんど存在しなかった酸素O_2を大量に発生したという点で重要な存在だと考えられています。

そのシアノバクテリアとよく似た構造体が火星の岩石に含まれていたのは、とても興味深いこと。これはまさに、生命の源が空から降ってきたと言える大発見でした。しかし、この構造体が地球外生命の痕跡であるかどうかは、今も議論が続いています。

パンスペルミアの方舟は連鎖していく

このＡＬＨ８４００１は、１６００万年前に火星に隕石が落下した際、その衝撃によって火星の岩石の破片が宇宙空間に飛び出たものだと考えられています。それが地球に降ってきたのは、約１万３０００年前のこと。それまで約１６００万年間も宇宙を漂流していたことになります。

その岩石の破片は生命を中に入れたまま地球の大気圏へと突入。その際、突入の衝撃と大気との摩擦による加熱の影響が隕石の内部にまで及ぶのではないか？　と考え

（注7）シアノバクテリアは藍色をした藻の仲間で、海や淡水などに普通に見られる微生物です。ただし、真核生物の他の藻類とはちがって、細胞内に核がないバクテリア。ところが、他のバクテリアと異なり、葉緑素（クロロフィル）をもち、酸素発生型の光合成をすることができる変わった微生物です。

られてきました。

ところが、ＡＬＨ８４００１の内部には高温にさらされると分解してしまうはずの鉱物がそのまま残っていたのです。これは大気圏に突入した時の熱が、内部にあまり影響を及ぼさなかったことを示しています。石の表面は溶けるほどの温度まで上がるものの、内部は40℃から50℃くらいだったと推定。それならば、内部の微生物が生きたまま地表に届く可能性は十分にあり得ます。

そう考えると、ＡＬＨ８４００１はパンスペルミア（生命の種子）の方舟だったのかもしれません（注８）。そして、さらに想像の翼を広げていくと、今度は地球から別の星へとパンスペルミアをデリバリーすることも考えられるでしょう。


火星に隕石が降ってきて、その破片が宇宙に飛び出し、地球へ到達したように、地球に隕石が落ち、地表の一部が宇宙へ出て、長い間、さまよった末に他の天体に到達する。その内部には地球の微生物が眠っていて、新たな生命の誕生のきっかけとなっていく。地球から飛び出すのは火星ほど簡単ではないでしょう。それでも、生命のデリバリーとは手を替え、品を替え、連鎖していくものなのではないかなと思っています。

（注８）もちろん、ＡＬＨ８４００１の化石が地球のシアノバクテリアの祖先になったのかどうかはわかりません。それはまた別の問題であって、ここで重要なのは「宇宙から地球に生命体が運び込まれることがあり得る」ということなのです。

隕石の大量発見地帯、南極

また、意外に知られていないことですが、南極のある場所では氷の上に隕石がごろごろ転がっています。地球が誕生してからこれまで数多の隕石が落下していますが、南極は隕石の宝庫で、これまで4万8000個以上が見つかっています。なんとこれは地球上で発見された隕石の80％に近い数。とはいえ、隕石が南極大陸に集中的に落ちてきているわけではありません。南極には隕石が発見されやすくなる仕掛けがあるのです。

南極は一面氷なので白いから隕石が目立つ？　たしかにそれもあります。しかし、実際には隕石が南極に落ちると、雪に埋もれ、さらに雪が降り積もると雪とともに押し固められて、氷の中に閉じ込められてしまいます。埋もれてしまった隕石はなかなか見つかりません。

しかし、南極の氷河は止まっているのではなく、ゆっくりと海に向けて流れています。ですから、氷の中にある隕石もまた氷河の流れに乗って海の中に落ちていくのです。

ところが、南極には大きな山脈がいくつかあり、氷河の流れが山で遮られている場所があります。そこで、止められた氷は昇華現象（注9）によって蒸発。海に行かない氷河は氷が昇華して消えていくのです。すると、氷の中にあったはずの隕石が氷河の表面に出てきて、山脈のふもとに溜まってくる。これが南極で隕石が発見されやすいと言われるゆえんです。

そして、そんな南極の山脈のふもとで隕石を初めて発見したのは日本の南極観測隊です。１９６９年、昭和基地の近くにある、やまと山脈のふもとで９個の隕石を発見。ここがまさに隕石の溜まり場だったのです。日本隊はその後も続々と隕石を発見し続け、一時期は世界一の隕石保有国となっていました。

南極で発見された南極隕石には小惑星から飛んできたもののみならず、火星から飛んできたとされるものもあります。こうした隕石の分析によって、地球ができた時の材料物質についてわかることもたくさんあるのです。

たとえば、始原的隕石と呼ばれる隕石からはコンドリュールという球形の物質が見

（注9）　空気がとても乾燥しているので、氷がじかに水蒸気となる現象。こうした氷が次々と消えていく場所を消耗域と呼びます。

つかりました。コンドリュールは現在の地球にはない岩石で、年代測定によって46億年前に冷えて固まった小惑星群の岩石であることがわかっています。そして、46億年以上古い岩石はこれまで発見されていません。つまり、コンドリュールは太陽系で最初の岩石であり、地球の原型が46億年前に誕生したことを示しているのです。

もしくは彗星が有機物や水を地球にデリバリーした

彗星の〝もと〟がひしめきあうオールトの雲

宇宙起源説には、隕石の衝突によるデリバリーの他に、もう1つ有力とされている説があります。

それは彗星などの天体によって、宇宙から地球に有機物や水が運ばれたとするもの。この仮説を提唱し始めたのは、イギリスの天文学者でSF作家でもあるフレッド・

ホイルと、その弟子でスリランカ出身の科学者チャンドラ・ウィックラマシンゲ。

彗星は遠く太陽系の果てからやってきます。惑星の中で太陽からいちばん遠い冥王星でも60億キロメートルほどの距離ですが、彗星の発生源はそれよりはるかに遠い10兆キロメートルあたり。太陽系をとりまくような球殻状に多数の彗星の〝もと〟が分布していると考えられています。

これを「オールトの雲」（注10）と言い、ここから何らかの原因で太陽に向かう軌道にのった彗星の〝もと〟は、太陽に近づくと尾を引いて私たちのよく知る彗星らしい姿になっていくのです。また、海王星軌道の外側にはオールトの雲とは別の円盤状の彗星の巣があり、こちらは「エッジワース・カイパーベルト」、あるいは単に「カイパーベルト」と呼ばれています。

通常、地球や火星といった惑星の公転軌道は黄道面（注11）と呼ばれるディスクにほぼ沿っていて、円に近い楕円を描きます。それに対して彗星の公転軌道は細長い楕円のものが多く、放物線や双曲線軌道を描くものもあります。こうした放物線や双曲線の軌道の彗星が太陽に近づくのは一度きり。二度と戻ってこない彗星です。

一方、楕円軌道をもつ彗星のうち、公転周期が２００年以内のものは「短周期彗星」、

（注10）　太陽系創成期に、太陽から遠い場所にあった氷と塵は、混在して氷微惑星となりました。この氷微惑星のうち、大きく成長した惑星、たとえば海王星によって太陽系の外側へと散らされたものがオールトの雲。長周期彗星はここからやってくると考えられています。

（注11）　太陽の通り道（黄道）に沿って惑星を輪切りにした面のこと。

それよりも長いものは「長周期彗星」と呼ばれます。

たとえば、約76年間隔で地球に近づくハレー彗星は短周期彗星の代表格。じつはこのハレー彗星、太陽系で最も反射率が悪く、黒っぽく見える彗星です。一般的にハレー彗星は明るく輝いているというイメージで捉えられていますが、あれは太陽に近づいた時だけのこと。氷の一部が溶けて蒸発し、周辺に飛び散ることで、太陽光を反射して白く輝いて見えるのです。

しかし、その実態、彗星の核となっている部分は真っ黒な塊。ジャガイモのような形をした黒い塊の正体は何かと言うと、氷と凍った二酸化炭素、メタン、アンモニアなど。これがコールタールのような状態で固まっていると考えられています。

これはハレー彗星に限ったことではなく、多くの彗星の核は太陽系に存在する物体の中で最も黒い天体。私たちが目にする「ほうき星」と呼ばれる状態は、コールタールのような核の周囲から氷の一部が溶けて蒸発し、周辺に飛び散ったところです。

彗星の〝ほうき〟に隠された大きな秘密

そして、この「ほうき」のように広がった部分に含まれた有機物や水が、惑星の地上に降り注いだのではないか。これが彗星によるデリバリーという仮説の基本的な考え方です。

彗星だけでなく、いや、むしろ彗星より、小惑星のほうがたくさんの水や有機物にデリバリーしたという説もありますが、だからといって彗星の寄与がゼロになったというわけではありません。

核にあるコールタール状の物質は、さまざまな有機物が複雑に絡み合ったものです。アミノ酸が単体で存在するのではなく、単一の構造を持たない大きな分子となっている。こうした複雑でよくわからない有機物が太陽からの紫外線や宇宙放射によって焼かれた〝お焦げ〟のようなものの総称が、ここで使っているコールタールという言葉だと理解していただいてかまいません。

こうしたコールタールは地球でも地下から出てきます。あれは地中に埋まった有機物が分解されたものです。植物や動物が死に、地中に埋まります。その上に地層が積もり、死体が変わらぬ場所にあったとしても、地中奥深くに埋まっていきます。するると、周辺の温度が地熱によって上がり、有機物だった死体は熱分解され、その果てに今度は熱で固まってしまうのです。つまり、分解されたなれの果てが寄り集まって、文字通り、煮ても焼いてもどうにもならない物体になってしまったもの。それがコールタールです。

いわば、カスのような有機物で、それが生命の源にはなりそうもありません。ところが、ハレー彗星などの核に含まれるコールタールに放射線を当てると、部分的に分解されることがわかってきました。しかも、部分分解した場所にアミノ酸の前駆体や材料物質がみつかったのです。

つまり、彗星として宇宙空間を移動し、宇宙放射線に当たるうち、アミノ酸の原料を供給できるようになっていく。そう考えると、非常におもしろい。なぜなら、オールトの雲やカイパーベルトには何千万という彗星があるらしいからです。

しかも、太陽系の外側からくる銀河放射線は太陽系の端ほどたくさん降ります。それを受ければ受けるほど、彗星の核にアミノ酸の原料物質が溜まっていくのではないか。こうした彗星たちが、原始の地球に物質をもたらしたと考えるのはそう突飛なことではありません。

彗星から剥がれた破片の一部が地球に落ち、そこからアミノ酸やシアン化水素、ホルムアルデヒドなどがもたらされた可能性は十分にあるはずです。

生命は地球上で発生したと考える地球起源説

最初の生命体はどのように発生したのか

21世紀になって、新たな研究成果が出てきたことで、地球外生命について考えたり、語ったりしても、異端視されない時代になりました。それは私にとって、とてもうれしい変化です。私たちは地球の生命しか知りませんし、地球外生命について具体的に調べたり考えたりする術があまりなかったので、20世紀には地球外生命のことを語ると、キワモノ扱いされることが多かったのです。

生命の起源についても、20世紀の後半は海底火山の熱水噴出孔という原始地球を彷彿とさせるエキゾチックな場所が発見され、「地球の生命は地球上で発生し進化した」とする「地球起源説」が主流になりました。

それが、21世紀になって太陽系内の惑星・衛星探査の進展や太陽系外惑星の発見などによって、「地球外生命のことを語ってもいいよね」という雰囲気になり、「生きている細胞やその材料となる前駆体は宇宙からやってきた」とする「宇宙起源説」も力を持ってきました。すでに紹介した電波望遠鏡などの発達によって、いろんな星の様子が分かるようになり、判断材料が集まってきたことも大きな理由となっています。

とはいえ、いまもこの説を疑う研究者は多く、最初の生命体は地球上で「自然発生」したとする考えが広く受け入れられています。

では、どのように自然発生したと考えられているのでしょうか。私たちは生命の材料をどこから手に入れたのか。この問題について少し話を整理してみたいと思います。

そもそもこの地球上には現在、私たち人類を含めて、百数十万種もの生物が存在しています。この他にまだ人間に見つかっていない生物がどれほどいるのか見当もつきませんが、とにかく多様な生物がこの天体で暮らしているわけです。

ただし、この多様な生き物は最初から地球にいたわけではありません。地球が46億年前に誕生した時点では、地表はまだ高温すぎて生命体と呼べるものは存在しませんでした。

その後、地表が冷やされて液体の水が存在できる100℃（1気圧）くらいかそれ以下になってようやく最初の生物が登場したと思われます。そうなるまでに6億から8億年の時間がかかったと考えられています（注12）。

最初に現れた生物は、非常に単純なものだったはずです。どのような姿だったかは謎ですが、おそらく何らかの有機物の詰まった非常に小さな袋状の単細胞生物だったでしょう。

この生物のうち、あるものは二酸化炭素などの無機物から生きていくための栄養を作ることのできる、独立栄養生物だったと考える研究者もいます。

（注12）直接的な生命活動の証拠は見つかっていませんが、生命活動の痕跡が38億年前の地層から発見されているので、その頃に生まれたと考えられています。

独立栄養生物と聞くと、とても難しそうな仕組みを持っているように思われるかもしれませんが、簡単に言うと、食べなくても生きていける生物のことです。それに対して、何かものを食べることで栄養をとる生物のことを従属栄養生物といいます。

身近な例では光合成で生きている植物が独立栄養生物。彼らは二酸化炭素CO_2を使ってブドウ糖やデンプンを作りますが、この時、水素を取り込む必要があります。植物の周りに水素はありませんが、水を光エネルギーで分解して水素を作っているのです。このとき、副産物というか排ガスとして出てくるのが酸素O_2なのです。

その点、38億年前の地球には、メタンガスや硫化水素など水素の供給源が豊富にありました。小さな単細胞の独立栄養生物や従属栄養生物が、38億年の月日をかけ、現在の植物や動物に進化していった……という考えは多くの人が共有するものです（注13）。

地球起源説の有力な仮説

地球起源説では、どういった形で生命が誕生したと考えているのでしょうか。古典

（注13）　この世界が誕生した時から神様が現在と同じ動植物を作ったと信じる人たちもいますが、それは科学的な知見に反します。

的ないくつかの説を紹介したいと思います。

「干潟説」……潮の満ち引きによって泥や砂が周期的に冠水したり、干出したりする干潟のような環境は、有機物が集まり、反応が進みやすいと考える説です。

ただし、生命が誕生するためにはさまざまな有機物を反応させ、タンパク質やDNAといった大きな分子を作る必要があります。その際、欠かせないのが脱水反応。これは2つの分子をくっつけた時に水分子が外に出てくる反応です。

脱水反応が起こると、有機物の高分子（タンパク質やDNA）ができやすいと考えられ、生命の誕生にこの反応は欠かせないとする研究者もいます。彼らは、水分子に囲まれた水中は脱水反応にとってマイナス面が大きく、生命は誕生しにくいのではと指摘しています。

「粘土鉱物表面説」……脱水反応を重視する研究者が推す説のひとつが、粘土鉱物表面説です。粘土鉱物は、粘度の高いその表面にいろいろなものをくっつけるため、有機物が集まり、反応が進みやすい。水中よりも表面のほうがまた、水分子が少ないので、脱水反応も起きやすいというわけです。

「黄鉄鉱表面説」……これも鉱物表面説の一種で、海底にある黄鉄鉱の表面で生命が誕生したのではないかとする説。欧米の研究者の間で、最も人気のある仮説です。後で詳しく述べますが、黄鉄鉱は海底火山の熱水噴出孔によく見られる鉱物なので、他の説と異なり、生命の起源となる場所が特定できます（注14）。その分、生命がどのように生まれたかをイメージしやすいため、広く受け入れられているのです。

ただ、正直に告白すると、私自身は生命の起源が地球起源か、地球外起源かをそれほど重視していません。重要なのは生命が誕生し、はじめは単純なツクリから今見るような複雑なカラダに進化したというすばらしい結果があることです。どの説が正しいかを追究するとともに、このワクワクする生命進化について考えられる喜びを大切にしたい。ワクワク感は人を動かす力になりますからね。

（注14）熱水噴出孔では熱水とともに火山ガスの成分である硫化水素が噴出しています。この硫化水素が鉄と反応すると硫化鉄になり、そこにさらに硫化水素が加わると黄鉄鉱ができます。

本当に「無」から「有」が生まれたのか

無機物からアミノ酸ができることを証明した人

たとえ、有機物や水がうまいこと運び込まれたとしても、そこからどうやって生命が生まれたのか。地球起源説に「干潟説」などの仮説があることはご紹介した通りです。でも、肝心のところがよくわからないと感じていませんか?

それはそうです。どんなに環境が整っていても、無から有が生まれるというのは少々乱暴過ぎますよね。当然、研究者も同じ疑問は抱きます。そこで、１９５３年に行われた有名な実験が「ユーリーとミラーの実験」、あるいは単に「ミラーの実験」と呼ばれるもの（注15）です。

地球上の生物の体のおもな部分はタンパク質でできています。そして、タンパク質は有機物であるアミノ酸がたくさんつながった高分子化合物です。そう考えると、生

（注15）実験を行ったのは、アメリカの化学者スタンリー・ミラー。シカゴ大学でハロルド・ユーリーの研究室に所属していたので、ユーリー・ミラーの実験と呼ばれています。当初、ユーリー先生は「こんなことやってもダメだよ」と反対でしたが、ミラーは「なんとかなる」といって強行。だから、アメリカではミラーの実験といわれています。とはいえ、ハロルド・ユーリーも偉大な化学者で、重水素の発見によって１９３４年にノーベル化学賞を受賞しています。

命が誕生した38億年前の地球では、無機物からアミノ酸が生まれ、それらがつながってタンパク質になるという化学進化が起こったはずです。

もちろん、タンパク質があれば必ず生命が誕生するわけではありません。逆にタンパク質がなければ生命も生まれないということの是非はわかりません。しかし、何もなければ何も起きないというのも事実です。

そこで、おそらく、生物の体を作る材料物質として普遍的、すなわち文字通りユニバーサル（宇宙的）であろうと思われるアミノ酸やタンパク質、さらには生命そのものも宇宙からもたらされたのだと考えるのが、宇宙起源説。

一方、地球起源説では、原始の地球に存在した無機物がアミノ酸へ、タンパク質へと合成されたのだと考えます。

このうち無機物からアミノ酸が作られることを証明したのが、ミラーの実験でした。実験では、原始の地球の大気に含まれていたと考えられるメタン、水素、アンモニア、二酸化炭素、水蒸気をガラス容器に封入。そこに、雷を模した6万ボルトの高圧電流を放電しました。そして、原始の大気を模した（注16）ガラス容器は、同じく原始の海洋を模したお湯の入っているフラスコ（注17）につながっています。

（注16）ミラーの実験の当時（1953年）に考えられていた原始地球の大気は、現在の考えと異なっています。

（注17）フラスコの中に水が入っていて、ガラス容器内にできた有機物がそこに溶け込む。さらに、海底火山を模したのでしょう。フラスコは下から炎で熱し続けられました。

当時の不安定な地球環境では、雷が頻繁に起きていたため、それが有機物の発生に関係するエネルギー源だったのではないかと考えたからです。結果、1週間後、フラスコの中には数種類のアミノ酸が生じていました。

こうして単純な無機物から、アミノ酸などの有機物が生まれることが実証されたのです。しかし、ミラーの実験の後、多くの研究者が実験によってタンパク質の合成を試みましたが、まだ十分には成功していません。

とはいえ、地球という巨大な自然の実験室で何億年という時間をかけることによってはじめて、タンパク質になったのだという可能性もあるでしょう。いずれにせよ、その可能性を信じて、アミノ酸、核酸、糖などの有機物を豊富に含んだ原始の海洋を「原始のスープ」と呼んで、生命誕生の場だとする考え方もあります。

生命誕生のホットスポット、熱水噴出孔

生命誕生の場を考える上で重要なことの1つに、原始のスープである当時の海は、

非常に高温だったことがあります。現在の地球上で生きる生物で、生息温度の最高記録保持者には超好熱性古細菌の一種（それを調べて発表したのは日本の海洋研究開発機構の高井研さんたち）。海底火山周辺の１２２℃の高温かつ高圧状態で増殖することが確認されています。

もちろん、未発見の生物の中にはもっと高温でも生きられるものがいるかもしれませんが、基本的にタンパク質は高温によって分子のカタチが大きく変わり、もう元に戻らなくなってしまいます（学術的には「変性」といいます）。タンパク質はカタチとハタラキが密接に相関しているので、カタチが変性してしまうとハタラキが失われてしまいます。どんなに高温に耐えるタンパク質でも上限は何となく１３０℃くらいと見積もって、当たらずといえども遠からずでしょう。それは太古の生物でも条件は大きく変わらないと考えられます。

それでも地球起源説を探る研究者たちは、どこかに生命を生み出すのに適した温度帯の場所があったのではないかと考えました。その考えに１つの可能性を与えたのが、１９７０年代末に発見された海底火山の熱水噴出孔です。

それまでミラーの実験を含めたさまざまなアプローチは、いかに有機物ができるかの「プロセス」を重要視していました。化学反応が、生命の起源に関係しているという論法の研究です。

それが熱水噴出孔の発見とともに、もしかしたら、ここそ生命が誕生した「場所＝サイト」ではないか、と。研究の主軸が「プロセス」から「サイト」へと移っていったのです。

熱水噴出孔では、海底の割れ目から浸透した海水が、火山の下にあるマグマ溜まりを覆う岩石で加熱され、水―岩石反応というものが起こります。海水は熱水となるだけでなく、水素やメタンや硫化水素などの火山ガス、そして、もしかしたらアミノ酸などの有機物を含んだ水に変質して吹き出すのです。

そして、割れ目からはまた新たな海水が流れ込む。この熱水循環はまさに、ミラーの実験の自然版。しかも、熱水が浮上するにつれて温度は下がっていくので、生命が誕生するのに適した温度帯のところもあるはずです。

こうして「地球生命は熱水噴出孔で生まれた」という説は高校生向けの生物の参考

書でも紹介されるほど、有力視される仮説となりました。しかし、私はこの説についてもうひとつ何かたりないと感じていました。何度となく深海調査船で熱水噴出孔を見てきましたが、そこで生命が生まれたとするには触媒のようなものが必要だと思えてしかたがありません。

というのも、大きな障害となってくるのはやはり「水の中での脱水反応」だからです。

地球なのか？　宇宙なのか？

海底の鉱物表面で生命が誕生したという仮説

生命必須とされている水が、なぜ、大きな障害となってしまうのか。

その理由は、タンパク質がアミノ酸のたくさんつながった高分子化合物である点にあります。それもアミノ酸が2つ、3つとつながったものではなく、50、60個を正しい順番でつなげなければタンパク質にはなりません。

もちろん、水中には多種多様のアミノ酸が自由に漂っていますから、結合反応が延々と繰り返されるうち、タンパク質ができあがることもあるでしょう。しかし、アミノ酸が正しい順番でつながる確率は非常に低く、偶然できた〝正しい〟タンパク質がほんの少数あるだけでは生命にもなりません。

加えて、アミノ酸同士がくっつく時には、水の分子が1つ外に出る「脱水重合反応」が必要です。果たして海水という水の中で、水の分子が抜ける反応が起きるのかというと、これも簡単ではありません。

つまり、海の中ではタンパク質のような長い分子は作られにくい。これは海底火山の熱水噴出孔でも同様です。

それでも私が地球起源説の存在を無視できないのは、ギュンター・ヴェヒターショイザー（注18）というドイツ人が発表した「表面代謝説」に可能性を感じるからです。

表面代謝説とは、海底でも浜辺でもいいのですが、鉱物の表面で多くの有機物が作られ、それが生命の源になったという考え方。例えば、海底火山によくある硫化鉄に

(注18) ギュンター・ヴェヒターショイザー　は本職の生物学者ではなく、特許を扱う弁理士でした。しかし、生命の誕生に興味を持ち、古今の文献を精査。ほとんど独学で勉強し、「表面代謝説」の論文を発表。学会から高く評価され、世界的には熱水循環説と同じく有力視される仮説となっています。

硫黄の原子がもう1つくっつくと黄鉄鉱（パイライト）という鉱物になり、その際、出てくる化学エネルギーを用いて〝独立栄養〟的に、二酸化炭素からさまざまな有機物ができるのです。

二酸化炭素から有機物を作るのは、植物の光合成と同じ。その原型が鉱物の表面にあったと考えるわけです。これは、ぐつぐつと沸いた海水の中に熱エネルギーや化学エネルギーを投入して、有機物ができたとするミラーの実験よりも説得力があります。

ヴェヒターショイザーは原始の地球の大気の大半が二酸化炭素だった点を指摘し、それを利用して有機物を作るのはあり得る方法だと説を展開します。

しかも、黄鉄鉱は鉱物なので、その表面でアミノ酸同士がくっつき、水の分子が1つ外に出る脱水重合反応も起こりやすい。つまり、〝水の中で水を抜く〟ための何らかの原理が働き、水の中で生命の源が作られたとするよりも、理にかなっているのです。

とはいえ、「生命は母なる海で誕生した」というイメージは多くの人に共有されています。それだけにヴェヒターショイザーが主張する「海底火山の鉱物表面で生命が誕生した」という説は、海が関わっているとはいえ、衝撃的かもしれません。

しかし、海底火山で無数に生成されつつある鉱物の表面でアミノ酸を何十個、何百個とつなげたタンパク質が生成される可能性は高く、生命の起源が地球上にあるという説に一定の説得力を持たせてくれます。

宇宙のどこでも生命が誕生する可能性がある

少なくとも私は、ヴェヒターショイザーの説を知ったことで地球起源説もあるかもしれないと思い直すようになりました。しかし、21世紀に入った今、率直な印象として宇宙起源説の方が納得できると感じています。

たとえば、「人類最高の目」と称されるアルマ望遠鏡（P133参照）によって、アミノ酸に類する有機物を宇宙空間に探し求めています。これから数年のうちに見つかるだろうと私は予感しています。くり返しになりますが、アミノ酸は生物の体を作る材料物質です。見つかった場所は、原始太陽系に相当する宇宙空間で、今まさに惑星が生まれようとしているところ。つまり、アミノ酸が見つかった宇宙空間は、太陽系の惑星が生まれた約40数億年前と同じ状況にあるのです。

このことからわかるのは、惑星ができる前に、すでに有機物が存在していたということです。その有機物が生まれたばかりの惑星に降って、その惑星で生が誕生する素地を作ったと考えてもおかしくありませんよね？

生命の誕生に関して、20世紀には、「地球の生命は地球のどこかで生まれた」という地球に縛られた考え方しか許されませんでした。地球という星に特殊な条件が重なって生命が誕生し、さらに、生命の誕生する条件が他の星でも見られる場合、生命の存在があり得ると考えられていました。

それが、惑星の生まれる前の宇宙空間に有機物が発見されたことで、地球という特殊なしばりが取れたのです。今や地球だけでなく、他の惑星や衛星、特に太陽系以外の惑星や衛星でも生命が存在する可能性があると考えられるようになりました。

「こんな太陽系の、こんな惑星の、こんな衛星だったら、こんな生命体の存在がありえる」「そういう惑星や衛星の間で〝生命の種子〟が飛び交っているかもしれない」と、地球と違う条件の星で、宇宙で、そこにどんな生物が存在できるのか。そんなことを理論的に考えることができるようになってきたのです。

何をもって「生命」とするか

生命の基準となる性質とは？

宇宙起源説にしろ、地球起源説にしろ、私たちは今ここにいて、地球上には多種多様な生物が存在します。ヒトとトカゲ、サクラや乳酸菌は名前も形状もまったく異なりますが、どれも同じ地球の生物ですよね。

では、私たちは生物と生物ではない物質をどうやって見分けているのでしょうか。たとえば、どんなに精巧な造花であっても手で触れれば、それが生きていないことがわかります。私たちには生命を感じ取る力が備わっていると言えるのかもしれません。

生命とは何か？

この定義はぐるぐると回ります。生物とは生命を持っており、生命は生物に属している。生物と非生物の違いが何かをはっきりと答えられる学者は滅多にいないでしょう。それでも生命の特徴を挙げることはできます。

いろいろな考え方があるでしょうけど、少なくともその特徴を持っていれば、生命だろうと感じ取れる性質。それは4つあります。「代謝」「増殖」「細胞膜」「進化」です。

これらはいずれも地球上の生物が持っている共通点です。もしかすると、地球外の生命には当てはまらない点もあるかもしれません。それでも4つの特徴の中で1つだけ、これがないと生命と呼べないだろうというものがあります。それは「代謝」です。

代謝は生物が体を作る材料物質を集めて体を作りつつ、老廃物を出す働きと、生命活動を支えるエネルギーも入手できる働きで、生物と非生物を分ける重要な特徴の1つです。

平たく言えば、生物がものを食べること。私たちは食事をし、排泄をし、外から新しいものを取り入れ、古いものを捨て、自分の体を作り替えて生きています。

自分ではいつもと変わらぬ体だと感じていますが、髪の毛は自然に抜け、伸びた爪は切り、風呂で垢を落としています。実際にはそれだけでなく、一定の周期でまるごと細胞が入れ替わっているのです（注19）。

また、私たちは空腹を感じると食事をします。これは細胞を入れ替えるための材料補給で「新陳代謝」ということでもありますが、それ以上に食べないと動けないから食べる。つまり、外部からエネルギーを得るために食べるのです。

後者のほうはエネルギー代謝と言い、動物は何かを食べ、植物は外部から光や水や養分を取り入れます。太陽の光を浴び、水分やミネラルという形の栄養素を根から吸い取る。それは食べると言っていい行為。生物は動き回っている時だけでなく、存在する以上はエネルギーを使うので代謝なしでは生きていくことができないわけです。

つまり、新陳代謝もエネルギー代謝もしない生命体はいない。それをしないと生物の体、構造物が崩壊してしまいます。増殖や細胞膜はなくてもいいのですが、代謝だけはないとどうにもならない。だからこそ、生命の特徴として欠くことができないのです。

ちなみに、進化が生命の必要条件かどうかはわかりませんが、私は、生命ならどうせ進化してしまうだろうと思っています。

（注19）人間は毎日5000億個もの細胞を入れ替えていますが、昨日と今日で顔が変わることはありません。

辺境の地で生きるチューブワームがもつ可能性

深海の熱水噴出孔にはチューブワーム（注20）という生物が群生しています。大きさは1メートルから2メートル。一見すると、細長いチューブ状で、これは植物なのか動物なのかどうか疑問に思うような形状をしています。

チューブワームはたしかに動物なのですが、チューブワームには口、胃腸、肛門がなく、ものを食べている形跡がありません。それでもこれが植物ではなく動物であると見なすことができるのは、植物がするはずの光合成ではない方法で代謝をしているからです。

チューブワームは、他の動物のように他の動物や植物を食べて栄養にしているわけではありません。チューブ状の体の先端にあるエラから海水中の酸素とともに、熱水噴出孔から出てくる硫化水素というイオウの化合物をとり込み、細長い体内に送り込んでいます。

そして、体内に共生するイオウ酸化バクテリアという特殊な微生物が、送り込まれ

（注20）　1977年、私が高校生の時、アメリカの潜水船アルビン号が、ガラパゴス沖の海底で熱水噴出孔を発見。そこに生息していた不思議な生き物が、チューブワームでした。それから12年後、私は海洋研究開発機構（当時は海洋科学技術センター）＝JAMSTECに入り、「しんかい2000」や「しんかい6500」などで熱水噴出孔を調査。そこで、チューブワームと対面したのです。

た硫化水素を酸化して独立栄養的に二酸化炭素からデンプンを作り、その一部を栄養としてチューブワームに提供するのです。この奇妙な、しかし、完璧な共生関係が、深海の海底火山という地獄のような環境においてチューブワーム（および共生バクテリア）の繁栄を支えているのです。

このチューブワームのように、過酷な環境条件のもと、私が言うところの「辺境」で生きている生命が、この地球には他にもたくさんいます。彼らが生息するのは、普通の生物が生きるには厳しい環境である海の底、南極、砂漠、地底などの辺境の地で、学校の教科書にはほとんど登場しない生き物です。

たとえば、南極。最低気温はマイナス80℃、場所によっては降水量はほとんどゼロ、地球で最も寒冷な気候で、同時に最も乾燥した地でもあります。そんな南極にすむデイノコッカス属の微生物は、マイナス17℃でも生存することができ、しかも放射線、紫外線、過酸化水素、乾燥などのストレスにさらされてもちゃんと生きています。

一般的にストレスに強いというと、我慢強いと思われがちですが、デイノコッカス属の微生物は傷ついたＤＮＡをすばやく修復する能力、すなわち〝治癒力〟を持っています。あえて言ってみればガマン系というより癒し系。だから、過酷な条件下でも代謝をし、増殖することができるのです。

地球の生物でありながら、あえて辺境の地で生きる生物たち。もしかすると、彼らは宇宙から降ってきた生命の記憶を抱えているのかもしれません。と、ロマンチックかつオカルト的に言ってみましたが、彼らがどこから来たにせよ、彼らが進化したのは確かに、ここ、地球です。

第2章

人間はなぜ、人間になることができたのか

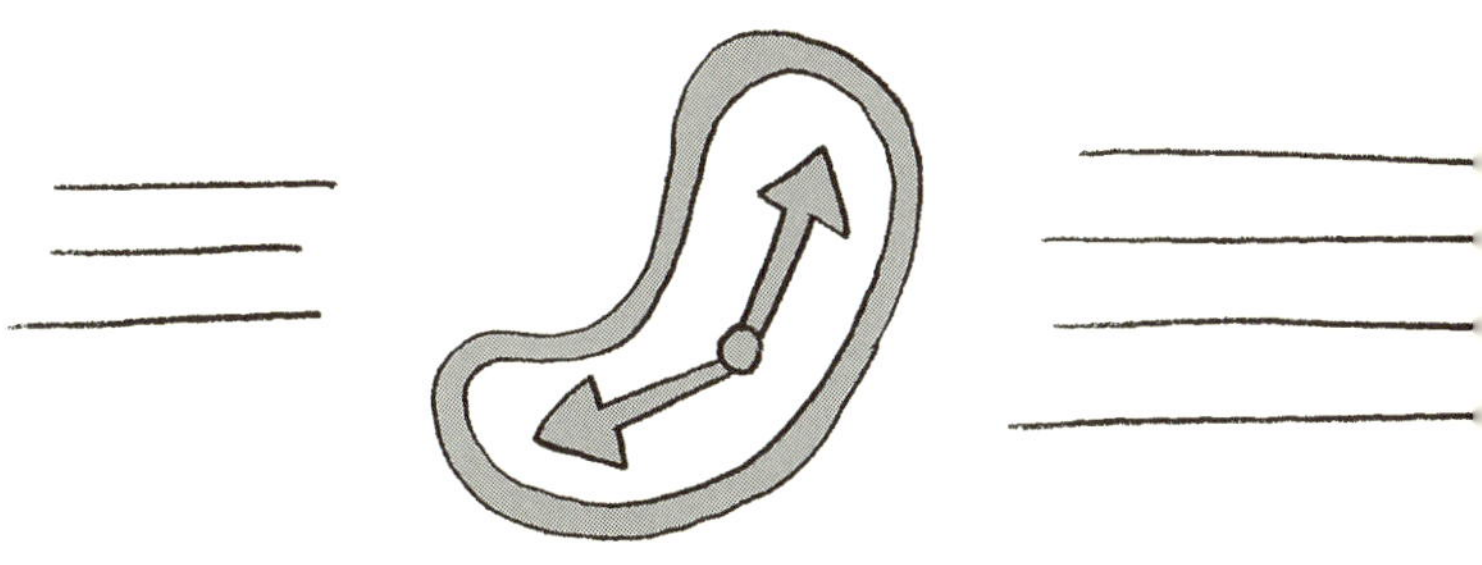

進化とは必然？　それとも偶然？

進化にまつわる3つのトピック

私たちは誰しも一度くらいは、自分はどこから来たのか、祖先は誰なのかなど、ルーツに興味を持つものではないでしょうか。家系図をたどっていって、曽祖父、曽祖母のことから、何世代も前のご先祖はどんな暮らしをしていたのか。もしかしたら、自分は歴史上の人物の子孫ではないのか。子どものころ、そんな想像をしてワクワクした記憶はありませんか？

私の場合、さらにさかのぼり、どうやって人間が誕生したのか。その前は何だったのか。生命はどこから来たのかについて考えるようになりました。これが今も研究テーマとしている「生命の起源」への興味の始まりです。

そして、生命の起源を調べていると、自然発生した生物がどのように進化していくのかについて研究していくことにもつながります。進化とは何なのか。進化するというのは、どういうことなのか。生物はいつから雌雄あるいは男女の性を持つようになり、何のために性が出現したのか。海の中で生まれた生物が、いつ陸上に進出したのか。魚類から哺乳類への進化はどのように起こり、人類（ヒト属＝ホモ属）が現れたのはいつだったのか。そして、同じホモ属のネアンデルタール人はなぜ滅び、われわれホモ・サピエンスが主役となったのか……。

私たち人間は、なぜ人間になれたのだろう？ と。考えれば考えるほど、きりがなく、心が躍ります。

ここで問題です。皆さんは3つの「進化」に関する考えのうち、どれが正しいと思いますか？

1．いま地球にいる生き物はすべて単一の系統であり、人間も鳥も魚もバクテリアでさえも、さかのぼれば共通の祖先にたどり着く

2．進化は遺伝子の突然変異が蓄積して起きる。突然変異は常に起きていて、その種が栄えるか、途絶えるかは自然環境によって決まっていく部分が大である

3．進化の中には、遺伝子の突然変異だけでなく、生物の中に他の生命体が侵入し、まったく新しい環境に適応しながら新たな種が生まれるという形もある

じつは「1」「2」「3」ともに正解です。

私たち科学者の現在のコンセンサスは、地球に生きる生き物は単一の系統で、単一の祖先がいるというところにあります。私たちの系統に直結する単一の祖先のことを「最後の共通祖先」と言い、ＬＵＣＡ（ルカ）（注21）と略称されています。

私たち人間もＬＵＣＡから始まる進化の系統樹の先にいるのです。

そして、その進化の手段として定説となっているのが、ダーウィンの進化論。遺伝子の突然変異があって、それが蓄積し表現型として姿形に現れ、それが自然選択あるいは自然淘汰されてどれかが生き残るというもの。これが進化の標準理論です。新ダーウィン主義ですね。

（注21）Last Universal Common Ancestor の頭文字をとって名付けられました。

ところが、地球の生物の進化の過程には「特異点」と呼ばれる例外的なケースが、2度確認されています。それは別の生物（バクテリア）を体内に取り込み（ないしは侵入させ）、それまでとは違ったハタラキができるようになったというもの。これは「細胞内共生進化」と言い、標準理論、新ダーウィン主義とはまったく違った形での進化です。

本章ではこれらの進化のトピックについて検証しながら、人間について考えていきたいと思います。

進化は遺伝子のミスコピーに始まる

もし、地球をその誕生からやり直したとして、生命が生まれ、今のような進化を遂げるのでしょうか？　映画のビデオテープを巻き戻し、再生するように、私たちの文明は再び誕生するのでしょうか？

かつてこうした疑問について答えるのは、フィクションの領域でしか不可能でした。しかし、21世紀に入り、状況は変わっています。私たちは「進化とは何か」について考えることで、こうした疑問に答えられる時代に生きているのです。

進化はミスコピーによって起こることがわかっています。

何のミスコピーかと言えば、それはDNAです。ここで言葉を整理しておくと、ゲノムは遺伝子の集合という意味で、生命の持つ遺伝情報の全体を示す言葉。一方、DNAはその物質的な実体で、遺伝情報が書き込まれている情報分子です。

生物はこのDNAをコピーすることで、自己複製、自己増殖を進めていきます。たとえば、タンパク質からタンパク質はコピーできませんが、DNAにタンパク質を作るための情報が書かれている。だから、DNAをコピーすれば、生きていくために必要なタンパク質の情報もコピーされて、次の世代の個体に受け継がれていく、すなわち遺伝するわけです。

研究者の中には、DNA、遺伝情報こそが生命の根本だと考え、生物の体のことを「遺伝子の乗り物」と呼ぶ情報主義者もいます。その考え方に立つと、私たちの体はずっと代々、遺伝子を運ぶための乗り物に過ぎないということになります。

自分の性格や生きた時間の記憶は関係なく、遺伝子を運んでいるだけ……というのは、なんだか寂しい気持ちになってきますよね。しかし、安心してください。コピーされる遺伝子はまったく同じままでないと厳密な意味での自己複製にならないわけですが、実際には突然変異が起きます。つまり、乗り物を乗り換えるたびに遺伝情報は少しずつ変わっていくのです。永遠に同じままで在り続けるなんてあり得ないのだ、ヒトを乗り物扱いしやがって、遺伝子のヤロー、ざまーみろーという気持ちに、私はなったりします。

進化には、この突然変異＝ミスコピーが欠かせません。言い換えれば、ミスコピーがなければ進化は起こり得ない。自分とはちょっと違ったコピーの中に、たまたまの結果論的により多くの子孫を残せるミスコピーが生じたというのが、進化の本質です。

遺伝子の突然変異が蓄積していき、それに基づいて表現型（注22）が変わり、その表現型が自然淘汰・自然選択、もしくは性選択・性淘汰されていく。突然変異には方向性、意思のようなものはありません。どんな進化の裏にも、ミスコピーを起こした最初の個体がいて、少しずつ変化していく。つまり、突然変異による遺伝子を持った個体が、環境の影響を受けながら、より生き残りやすい性質を持った遺伝子を残し、子孫が繁栄していくのです。

（注22）形、色、大きさ、機能など生物に実際に現れた性質のこと。

ですから、今、ここに生きている私やあなたの運ぶ（卵子や精子の）遺伝子が、私やあなたの生きている間に突然変異を起こし、次の進化のきっかけとなる可能性を秘めている。そう考えると、遺伝子の乗り物だと言われた寂しさも少しは紛れるものです。

遺伝子を残すにはモテなければならない

また、バクテリアのように分裂することで無性的に増殖する生物は関係ありませんが、私たちのように卵子と精子で有性生殖をする生物は、異性から選ばれなければ自分の遺伝子を残すことができません。

つまり、どんなにすばらしいミスコピーすなわち突然変異した遺伝子を運んでいたとしても、私やあなたが異性のパートナーに選ばれなければ意味がない。モテる個体でなければ遺伝子を伝えられないという現実もあります。

これが先ほど、さらりと「表現型が自然淘汰・自然選択、もしくは性淘汰・性選択されていく」と書いたことの本質です。

環境に適応するすばらしい遺伝子を受け継いだだけでは進化にとって不足で、配偶者に選ばれる何かも発展させなければならない。これが有性生殖する生物のうち、特に背骨のある動物、すなわち脊椎動物（魚類、両生類、爬虫類、哺乳類）の特徴でしょう。

体色がきれいな魚、鳴き声がきれいな鳥、ライオンの立派なたてがみなどなど。これは環境適応というより配偶者に選ばれるために発達したもの。一見、ムダなところにコストをかけないと性選択で選ばれず、自分の遺伝子を残すことができない。性淘汰で捨てられていくのです。

私は、進化における選択・淘汰の一端を担うこうした発達を「徒花的《あだばな》な変異」と呼んでいます。この徒花的な変異と、自然選択・淘汰にさらされる突然変異。この2つの変異が両輪となって、突然変異した遺伝子が次世代に引き継がれていく。

その結果、よりよく生残し、より多くの子孫を残す変異体の系統が台頭してくる。それが進化の実相です。

私たちは進化と聞くと、どうしても種族、人間なら人間全員がガラリと生まれ変わるようなイメージを持ってしまいがちです。

しかし、実際には突然変異した最初の個体が現れ、そいつがモテれば次代に遺伝子が引き継がれ、環境に適応していれば、子孫が繁栄。はじめは突然変異したニュータイプの遺伝子でも徐々に主流となり個体群の中で、やがてその種の中で増えていくのです。

キリンの首が伸びた本当の理由

進化の話をする時、よく「キリンの首が伸びたのは、木の上の葉っぱを食べたかったからだ」という話題が出てきます。

地上を歩く草食動物が生い茂る木の葉を見上げて、「あそこには食い物があるのに！」と高いところの葉を食べようと首を伸ばしているうちに、本当に首が長くなっていった……というのは、理にかなっているように思えます。これぞ、環境適応ではないか、と。しかし、この話は順序逆で、21世紀の生物学で語られることはありません。

仮にキリンの祖先集団の最初の1頭が遺伝子のミスコピーによって首が長くなったとしましょう。

その〝最初の〟キリンは大いに戸惑ったはずです。他の首の短い仲間たちは低地の餌を簡単に食べられるのに、自分は長い首が邪魔になる。思うように餌が食べられない個体は長生きできないし、子孫を残すのも大変でしょう。

となれば、突然変異で首が長くなった個体の遺伝子は引き継がれることなく、淘汰されていきます。しかし、現在のキリンは首が長い。なぜ、そうなったかと言えば、突然変異した個体が高いところの葉を食べればいいと気づいたか、低地の餌がなくなるような環境の変化が起きたか、もしかしたら他の理由も考えられるかもしれません。

高いところの葉を食べればいいと気づいた個体は、新しい生き方を開拓したことになります。これが生存のための環境適応であり、個体の努力です。その結果、首の長い個体は餌を巡る競争から抜け出し、同じ種の中で強い存在になっていく（注23）。当然、遺伝子は引き継がれていきます。ただし、地面の水を飲むときは、首が長いとやはり難儀することになりますが（実際には首が長いというより足が長いから水飲みに苦労しているようにも見えますが）。

（注23）キリンの祖先の話です。

一方で、環境の激変時にも進化は起こりやすくなります。

たとえば、何らかの原因で低地の餌が急激に乏しくなったとしましょう。その時は首が長い種だけが生き残りやすいことになります。首の短い旧来的な個体は適応不全となってしまう。生物は母集団の中に少数ながら、突然変異を持った者たちを抱えています。その変異体が新しい環境に対してよりよく生きやすく、より多くの子孫を残しやすいとなったら、数代後には新種の時代になっていくのです。

言い換えれば、環境が安定している間は、進化が起きにくいとも言えます。

もし生物の体が「遺伝子の乗り物」だとすると、現状維持が生存に適している間は、生物は保守的な選択をするからです。目の前の環境でうまくやり果《おお》せているものたちが、そのまま残っていく。突然変異した個体がいたとしても、従来の種の方が現状に適合していたら、新種の芽生えはやがて淘汰されます。

もしかすると、今の人間がそうかもしれません。安定期には長い年月、その種があまり変わらないまま存続するのです。

地球上で初めて眼をもった生物

私が地球上でいちばん幸せだったのだろうと思う生物は、初期の三葉虫。カンブリア紀に出現した、地球上で初めて眼を持った生物です。

三葉虫以外の生物は眼を持たず、見えない状態でふらふらとさまよい、出会った何かを食べて生き延びていました。

そこに眼が見える種族である三葉虫が現れた。これは無敵です。最強の環境適応で、捕食し放題。見えれば見えるほど繁殖できるわけですから、見える個体ほどモテモテです。代を重ねるたびに変異がどんどん重なり、集団の個体数が増えるにつれ変異の幅も広がっていって、その中でも「よりよく見える」側に方向づけられていきました。

三葉虫の子孫は視覚が発達する方向に進化していき、数世代後、眼は完成形に近づいていきます。そこで、何が起こったか。共食いが始まったのです。一人勝ち状態の「見る歓び」から一転して「見られる恐怖」の底に突き落とされた気分だったことでしょう。

他の生物ももちろん捕食しましたが、眼があるもの同士の間でも食うか食われるかの競争が始まっていった。生き残りやすかったのは、先に捕食に動いた獰猛な性格の系統です。

しかし、それでも食う食われるの闘いは終わりません。環境に変化の中で、三葉虫の各系統はさまざまな突然変異を起こしたことでしょう。そして、登場したのは甲殻を持つ個体。突然変異で体を隠し、守る甲殻を手に入れた種が、その後のメインストリームとなっていったのです。

事実、甲殻を持たない種はある時点から絶えていきました。

突然変異そのものはランダムに発生します。この方向性に進めば、繁栄できるというような目的はありません。その突然変異が残るか、残らないかは環境が方向づけるのです。首が長いものが、眼があるものが、甲殻があるものが有利な環境状態になったら、その方向に進化が進んでいきます。

その結果、元の祖先集団とは似ても似つかない姿になることも多々あります。

古い種と新しい種が共存する時代も一定期はありますが、淘汰の後、新しい種が繁栄する。ただし、繁栄している新種の中でも留まることなく、突然変異は続いていくのです。

進化の特異点＝その時、歴史は動いた！

小さなバクテリアから発生した酸素が地球を覆った

進化の重要な画期として、特異点というものがあります。

特異点とは、「その時、歴史は動いた」という瞬間のこと。例えば、シアノバクテリアの登場です。三十数億年前、地球には酸素O_2がそれほどありませんでした。その頃の生物にとって、酸素は生きていくために必要なものではなく、むしろ体にダメージを与える有害物質だったのです。

そこに光合成を行いつつ酸素を作り出すシアノバクテリアが誕生。シアノバクテリアが出現する前にも光合成を行う生物はいましたが、酸素を作り出しはしませんでした。酸素は宇宙でも最強級の酸化剤ですから、当時の地球にいた生物には大きな被害を与えたはずです。

当然、シアノバクテリアも傷つきそうなものですが、彼らは発生させた酸素を隔離する仕組みを備えるように進化を遂げていました。

光合成の排ガスのような酸素で自分の体は傷つけることなく排出する。独立栄養的な有機物合成の材料となる二酸化炭素は豊富にあり、エネルギー源である太陽光もふんだんに注ぎます。シアノバクテリアは猛烈に繁殖し、地球の表層環境は大きく変わりました。

こうして小さなシアノバクテリアが排出した酸素が地球を覆いました。海の中や大気中に酸素が溜まっていったのが今から25億年前。酸素を必要としない嫌気性の生物にとって、シアノバクテリアの繁殖は地球初の大規模な大気汚染だったかもしれません。この出来事は「大酸化イベント」と呼ばれています。

「大酸化イベント」は生物の進化にとって本当に大きな特異点となりました。

25億年前に溜まってきた酸素がある一線を超えてくると、海中に溶けていたはずの鉄イオンが酸素によって酸化されて酸化型の鉄になり、凝集してもはや水に溶けていられず、沈殿。一気に海水中から取り除かれて、海底に溜まっていきます。

それまで海水中に大量に溶けていたはずの鉄イオンが、酸素があるレベルを超えてから急にどっと沈殿したものが、現在の鉄鉱床。オーストラリア、ブラジル、南アフリカなどにある鉄鉱床はその時代に一気に沈殿した鉄の層です。

大酸化イベントを境に地球の表層環境が変わり、海水中から鉄が消え、酸素がいたるところに充満。酸素のない嫌気的な世界になじんでいた生物は新しい好気的な環境に適応できず、滅びていき、わずかに生き延びたものたちは深海の奥深く、海底のさらに奥底に潜っていきました。

そのため、今でも本当に原始の祖先的な性質を残している微生物を見つけたいなら、酸素がほとんどない海底下や地中を探すようにしています。

酸素をうまくこなせる種の誕生

一方、増えてきた酸素をうまく処理できた生物がいるから、今の私たちも生きていられるわけです。その生物もバクテリアで、現生の種でいうとアルファプロテオバクテリアに近いものだったと考えられています。全体としてはプロテオバクテリアという大グループの中のアルファグループに酸素をうまく使うことに成功したものがいたのです。

うまく使うとは、今、私たちの行っている酸素呼吸（注24）です。プロテオバクテリア以前の生物が行っていた酸素を使わない嫌気的な呼吸よりも、好気的な酸素呼吸のほうがより効率よく多くのエネルギーが得られます。

しかも、大気中にも、海水中にも豊富に酸素がある。その酸素をうまく使いこなせる生物種の誕生は、その後に始まる生物界の大進化の助走あるいは序奏でした。つまり、酸素が豊富な世界で、これまでにないほどの効率でエネルギー代謝を営むような進化を遂げた種が生き延びたわけです。だから、現生の好気的な私たちは原始の地球

（注24）　酸素がなくても硫酸などの酸化剤を使って燃焼できますが、酸素を使った燃焼のほうがより多くのエネルギーが出てきます。同じように酸素を使った呼吸（好気呼吸）のほうが酸素を使わない呼吸（嫌気呼吸）より十数倍多くのエネルギーができるのです。

に生きた嫌気的生物の形質はそれほど残していません。

このように生物の進化には、いくつかの特異点が大きな影響を与えています。それは必然的な部分もあったし、偶然性に左右されたこともありました。どこまでが必然でどこまでが偶然だったのか、それを評価することが、これからの地球生命史研究の大きなテーマになると思います。

つまり、偶然性があるせいで再現性がなくなり、予測もできないところがでてきます。地球をもう一度やり直したら、今と同じような生物進化とはならないだろうと思えるのです。

とはいえ、特異点の範囲を定めるのは環境です。地球の環境そのものは、やり直したとしてもさほど大きくは変わらない。生物も誕生するでしょうし、年月を経て複雑化していきます。そこには海があり、陸もあるでしょうけど、もし陸があれば、進化した生物はいずれ、海から陸へと上がっていくことでしょう。

ただし、その時に指の数が5本なのか、4本や6本ではいけないのか。そのうちに直立二足歩行するようになるのか、しないのか。再現性はなく、予測できないと言ったのは、そういった細部についてです。

たとえば、サルや人間といった生物が誕生したとして、指が何本になるのか。人間の手で機能として重要なのは、親指と向き合っている指があることです。だから、最低2本、できれば3本あれば問題ないかもしれない。それが新たな進化、突然変異の表現型となるかもしれません。

酸素呼吸を可能にした特異点

酸素を吸い込み、二酸化炭素を吐き出す。私たちは普段、無意識で酸素呼吸を行っています。これはいわば、アルファプロテオバクテリアの祖先のあるものが身に付けた能力を受け継いだもの。

では、どうやって継承したのか。私たちの祖先細胞は、アルファプロテオバクテリアの祖先のあるものを飲み込んだと考えられています。

食う、食われるという関係で考えると、アルファプロテオバクテリアの祖先のあるものを飲み込み、溶かして自分の体の一部としてしまうのですが、ここではいい按配《あんばい》に半分だけ溶かし込んだ。酸素呼吸に成功した生物を取り込んで自分の体の一部にしてしまったのです。あるいは、アルファプロテオバクテリアの祖先の方がその細胞に侵入したという可能性もあります。

どちらが主かは今もわかっていませんが、ともかくうまく融け合うことで、それまで酸素呼吸ができなかった生物でも酸素呼吸をできるように進化したわけです。それが「ミトコンドリア」です。

ミトコンドリアは、私たち動物や植物などの細胞の中で酸素呼吸をつかさどっている細胞内小器官、英語でオルガネラです。今でこそ、私たちの細胞の一部として認識されていますが、もともとは別の生物だったと考えられているのです。

というのも、ミトコンドリアは自分が収まっている細胞の分裂とは関係のないタイミングで分裂します。また、ミトコンドリアの中にも遺伝子がある。自己増殖し、遺伝子も持っているとなれば、生物の条件を満たしているようにも見えます。

しかも、ミトコンドリアの遺伝子を調べてみると、現生のアルファプロテオバクテリアのあるものの遺伝子と非常に似ているのです。

さらに、植物の光合成を見ても、実際に光合成の主要プロセスを担っているのは「植物のオリジナル細胞」ではなく、その細胞内にあるという第2のオルガネラ「葉緑体」です。葉緑体は、すでにミトコンドリアを獲得していた祖先細胞（この時点では動物の祖先細胞）に、シアノバクテリアの祖先のあるものが入り込んだものです。このとき、動物細胞から植物細胞への分岐が始まったと言えるでしょう。

そして、シアノバクテリアの祖先のあるものは宿主細胞（植物細胞）のなかで飼い慣らされ、そのゲノムの大部分は宿主の細胞核（核ゲノム）に取り込まれてしまいました。ゲノムの大半を失い、植物細胞に飼い慣らされたシアノバクテリアの祖先は、外界で生活を営むことができなくなり、葉緑体と化していったのです。

酸素呼吸にしても光合成の能力にしても、自分でその能力を発達させるのではなく、能力のあるものを細胞内に取り込んでしまう。しかも、取り込まれた生物もある機能あるいは遺伝子だけを自分の生存のために残しているのは、変わった共生現象とも言えます。これはミトコンドリアと葉緑体のケースのみで見られる現象で、生物学的にはかなりの特異点です。

もちろん、当時の地球には他にも似たような共生関係があったかもしれません。どこかで葉緑体的なオルガネラ、ミトコンドリア的なオルガネラが誕生した可能性は十分に考えられます。しかし、現実として今も残っているのは葉緑体とミトコンドリアだけです。

他のタイプのオルガネラを持った系統ではうまく共生が機能しなかったから絶えたのか、競争に破れたのか。理由はわかりませんが、ミトコンドリアと葉緑体を持った系統は続き、私たちは今ここにいます。

ミトコンドリアなくして、私たちの脳は成り立たない

アルファプロテオバクテリアの祖先のあるものを取り込んだものが後の動植物たちの祖先細胞で、シアノバクテリアの祖先を取り込んだものが植物の祖先細胞となったわけです。今から約十数億年前、動物に至る道と、植物に至る道が分かれ、酸素呼吸や光合成で得た有り余るエネルギーによって、さまざまな進化の可能性を発揮していきました。

その間、あるものは絶え、あるものはうまく環境に適応し、一部の種が陸上に進出

していきます。そして、餌となる植物が陸上に進出してくれたおかげで、動物たちも後を追うことができたのです。

つまり、ミトコンドリアと葉緑体なくして、陸上進出もなかったと言えます。ミトコンドリアと葉緑体の出現、これは38億年前の生命の誕生に匹敵する特異点で、それ以降、これに相当するほど本質的な変化は起きていません。

ざっくり言えば、十数億年前に外来バクテリアの〝ミトコンドリア化〟というものがあった。その十数億年後に私たち人間がこれだけ繁栄しているのは、私たちの祖先細胞がミトコンドリアを得たからです。酸素呼吸は有り余るエネルギーを供給してくれて、進化が進み、そのひとつの産物として私たちがいる。なにより、こうやって文章を書き、読み、人と話すなど、知的活動をつかさどっているのは脳です。

脳は体の中でいちばん多くの酸素を使う場所。つまり、脳こそがミトコンドリアの最高の活動の場と言えます。ミトコンドリアなくして、私たちの脳は成り立たないのです。

もし、地球をもう一度やり直した時、外来バクテリアを細胞内に取り込んでミトコンドリアや葉緑体などのオルガネラにするという特異点がなかったとしたら……。生物界は単細胞のまま、ささやかなエネルギーを使う貧弱な生態系のまま推移していったことでしょう。

性の誕生が生物を多様化させた

多細胞生物の誕生によって進化が加速

私たち人間につながる進化を追っていく上で、多細胞生物の誕生は避けて通ることのできないトピックです。そもそも、地球の生物は、原核生物と真核生物に分けることができます。バクテリアとアーキア（古細菌）からなる原核生物は細胞内に核がなく、DNAが細胞質の中にあります。

一方、真核生物は細胞の中に核があり、核の中にDNAが収まっています。先に誕生したのは原核生物で、その後になぜ核を持った真核生物が登場したのかはまだよくわかっていません。

ただし、真核生物が寄り集まって多細胞生物になることはわかっています。誕生した順序としては、原核生物→真核生物→多細胞生物。こうして生物は目に見えないほど小さい単細胞の微生物から、目に見えるほど大きな多細胞生物になっていきました。その後、体は複雑化し、生態系も重層化し、知能も発達してきたのです。


多細胞生物への進化のきっかけは酸素とミトコンドリアに関係があると考えられています。前項でも述べた通り、ミトコンドリアはアルファプロテオバクテリアの祖先のあるものを取り込んだものです。そして、細胞内にミトコンドリアを取り込んだ生物が酸素の急増に適応し、生き残りました。

ただし、細胞内のミトコンドリアが多いものと少ないものがあったはずです。ミトコンドリアが少ない細胞は、酸素のある環境に適応しにくい。そこで、酸素に弱い細胞を取り囲むようにして、酸素に強い細胞が外側に集まるようになったのではないかと考えられています。

いわば、細胞同士の助け合いが起きたことで、多細胞生物が生まれたということです。そして、細胞同士をくっつけるノリの役割を果たしているのは、動物ではコラーゲンというタンパク質、植物では炭水化物のセルロースおよびリグニンという高分子フェノール化合物。どれも酸素がないと作ることのできない物質です。

こうしたことから、地球の大気の中に酸素が増えていったことと多細胞生物の誕生には密接な関係があると考えられています。そして、生物の多細胞化は集まった細胞が、それぞれ異なる役割を担うという状況を作り出しました。

たとえば、ミトコンドリアが多くて酸素に強い外側の細胞は盛んに酸素呼吸を行い、エネルギーを供給。作り出したエネルギーを使い、運動の役割を担うように特化した可能性もあります。

それに対して、内側で守られた細胞はもともと酸素に弱いので、あまり酸素呼吸をせずにＤＮＡを守って次の世代に渡す役割を担うようになったのかもしれません。というのも、酸素呼吸をするとフリーラジカル（注25）という物質ができ、ＤＮＡにダメージを与えることがあるからです。

細胞がその役割を分けることで、より確実に次世代へ進化を伝える仕組みが整っていった。そのひとつが、生殖細胞であり、多細胞化はこの世界に性を誕生させるきっかけになったと考えられています。

（注25）人間のガンの原因とも。

進化にまつわる不思議な勝ち負け

そして、性ができたことによって、オスとメスの生物同士が持っている遺伝子を交換し合えるようになりました。これで作られる遺伝子の組み合わせパターンが多くなり、進化にプラスの影響が働いたと考えられています。

その点、原核生物であるバクテリアは性がなく、分裂することによって増殖。しかし、分裂したバクテリアも基本的に元のバクテリアとまったく同じです（注26）。つまり、分裂した2つの細胞のうち、どちらが親で、どちらが子ということもなく、ただたくさんの自分が受け継がれていく。そこに当然、あるべき「死」という考えが入り込みません。

一方、性がある生物にとって、次世代に受け継がれるのは遺伝情報を持った生殖細胞だけです。それ以外の細胞、いわゆる「体細胞」は次世代には伝わりません。その世代で死ぬのです。いわば、性ができると同時に個体の死というものが生まれたわけ

（注26）ただし、複製されたDNAには必ずミスコピーがあるので（P75参照）、元のDNAとはほんの少しだけ違っているはずです。

です。

原核生物→真核生物→多細胞生物→性のある生物。どの状態が幸せなのかを測ることはできませんが、自然選択の勝ち組には「運が良かった」という偶然性が働いている場合がほとんどです。

逆に言うと、不運にも選ばれなかった、残念な負け組もあるということです。先ほど紹介したキリンの例で言えば、もし、高いところの葉が激減し、低いところの草しかなくなったら、短い首の種が勝ち残ったかもしれません。


人間界には、「勝ちに不思議の勝ちあり。負けに不思議の負けなし」（注27）という言葉がありますが、自然界では不思議な勝ちもあれば、不思議な負けもあるのです。性の仕組みが進化の中に組み込まれたことで、生物はより多様な種へと発展しました。

進化にまつわる不思議な勝ち負けの先に私たちがいると思うと、これまた不思議な気持ちになってきます。

（注27）プロ野球の野村克也氏の名言とされていますが、じつは肥前国平戸候（平戸藩主）にして明治天皇の外曾祖父の松浦清（まつらきよし）の言葉です。

深海で進む新たな特異点の誕生

チューブワームとバクテリアの共生

動植物の祖先細胞がアルファプロテオバクテリアの祖先のあるものを取り込み、植物の祖先細胞がシアノバクテリアの祖先のあるものを取り込んだ2つの特異点。これに続く第3の特異点になるかもしれない現象が、今まさに、深海の中で起きています。それはすでに本書にも登場しているチューブワームの体の中での出来事です。チューブワームはものを食べない動物でしたね。口、胃腸、肛門といった消化器官はありませんが、れっきとした動物です。

では、ものを食べないままでどうやって栄養を手に入れているのでしょうか。彼らは体にあるエラから、海水中の酸素と熱水噴出孔から出てくる硫化水素という火山性のイオウ化合物をとり込んでいます。チューブワームは食事の代わりに酸素と硫化水素の反応で出てくる化学エネルギーを使い、それで栄養を作ります。

じつは、その栄養を作っているのはチューブワームの本体ではなく、チューブワームの体内にいる、いや、細胞内に入り込んでいる共生微生物（注28）である「ガンマプロテオバクテリア」なのです。

かつてバクテリアだったミトコンドリアや葉緑体と同じように、ガンマプロテオバクテリアのあるものがチューブワームの生命維持を支えています。

このガンマプロテオバクテリアは、詳しくいうと硫黄（イオウ）酸化細菌のこと。イオウ酸化細菌は文字通り「イオウを酸化する細菌（バクテリア）」です。イオウ酸化細菌は、二酸化炭素から栄養を作ります。前述した「独立栄養」ですね。

その栄養とは、ブドウ糖、そして、それがつながったデンプンです。まるで植物の光合成と同じではありませんか。

つまり、チューブワームはガンマプロテオバクテリアの力を借りて、暗黒の深海底で光合成と同じことをする。私はこれを「暗黒の光合成」と呼んでいます。

では、光のない深海底で、どうやって光合成をするのでしょうか。それは光エネル

（注28）共生微生物は私たちの体内にもいます。代表例は腸内細菌。ビフィズス菌なら聞いたことがありますよね。私たちが健康的な生活を営めるのはこうした腸内細菌が働いているから。ヨーグルトを食べるといいというのは、腸内細菌が増えるからです。

ギーの代わりに、化学エネルギーを利用するのです。

光エネルギーは太陽の光を浴びるだけで入手できますが、深海に光はありません。そこで、海底火山の熱水噴出孔に豊富にあるイオウの化合物、特に硫化水素を酸化して使っているわけです。

こうした働きだけ見れば、チューブワームの細胞内に共生するガンマプロテオバクテリアのイオウ酸化細菌は、まさに葉緑体のように細胞小器官（オルガネラ）となりつつあると考えられます。かつてシアノバクテリアやアルファプロテオバクテリアの祖先がその道を歩んだように、ガンマプロテオバクテリアもまた、チューブワームのオルガネラになろうとしているのです。


しかし、それはまだ発展途上であり、未完成。チューブワームには雄と雌があり、卵子に精子が泳いでいき、受精します。その後、受精卵は海中に放出され、孵化した幼生はふらふらと漂っていきます。着地した先にうまく海底火山の噴出孔があればラッキーで、なければ生き延びることができない。

これは海洋生物でよくある、着地した後にどうなるかの問題。生き残る確率は非常に低く、昔の言葉でいうと僥倖です、今ふうに言うと超ラッキーでしょうか。そんな厳しい試練をクリアした個体の中で、細胞内共生というめずらしい現象が起きているのは非常に興味深いことではないでしょうか。

3回目の特異点はどんな生物を作り出すのか

ただ、今のところ、チューブワームの親から子へガンマプロテオバクテリアは伝わらず、子の世代でまた新たにガンマプロテオバクテリアを細胞内に居座らせなければなりません。しかし、子の世代が新たなバクテリアをどうやって細胞内に取り込んでいるのか、そのプロセスはまだ明らかになっていません。

私も何度となく深海に潜り、採取してきたサンプルを自分の手で調べてきましたが、卵子にも精子にもガンマプロテオバクテリアは見当たらない（注29）。いま述べたように、子の世代が自力で取り込んでいると考えると、つじつまが合います。

先ほどチューブワームには口がないと書きましたが、じつは幼生の最初の数日間くらいは口が存在することがわかっています。これが成長に従って退化していく。その

（注29）私たちのミトコンドリアであれば、卵子を伝わっていきます。卵子系統。植物の葉緑体も雌しべ系統です。チューブワームの卵子、精子にバクテリアがいないか。私たちは、ずっと探していますが、まだ1回も見つかっていません。

間にバクテリアを体内に、さらに細胞内に取り込んでいるはずですが、その瞬間を捉えた研究者はまだいません。

ただ、バクテリアのほうも、チューブワームの細胞にいることで化学エネルギーを得やすくなるわけですから、共生関係は今後も続くでしょう。バクテリアにとっては化学エネルギーを得る反応源となる酸素と硫化水素を、チューブワームがエラからどんどん吸い込んでくれるわけです。そして、そのお返しに栄養となる有機物を合成し、チューブワームが摂っていく。

もし、この仕組みを支える細胞共生バクテリアが遺伝するようになり、チューブワームの親から子へガンマプロテオバクテリアが継承されたら、この共生関係の完成度は格段に上がったと言えるでしょう。そして、そのバクテリアが植物の葉緑体と同じような独立栄養的なオルガネラになってくれれば、史上3度目の新しい共生進化イベント、特異点になると思っています。

十数億年ぶりの特異点が今まさにできつつあると思うと心が躍ります。

1回目は動植物に至る系統。2回目は植物に至る系統。では、3回目はいったいなんと呼ぶのでしょう。いずれにしろ、動物でも植物でもない新しいカテゴリーの生物が誕生するかもしれません。

ダイオウイカよりも巨大なイカがいる

辺境に生息する生き物としては、近年、深海生物のダイオウイカに注目が集まっています。過去の記録では、1888年に全長18メートルという巨大なダイオウイカが見つかったとされていますが、これは古い資料で科学的な信憑性はいまいち。専門家が認める最大サイズは、1966年に大西洋のバハマ沖で捕獲された全長14・3メートルのようです。

バハマ沖で捕えられたダイオウイカは、触腕（長い2本の腕）を除いた体長が7メートルで、外とう膜（胴）の長さは3メートルほど。無脊椎動物のなかで最大級であることは間違いありません。

しかし、世界最大のイカはダイオウイカではありません。

それはダイオウホオズキイカという南極海の深海に生息するイカで、成体であれば長さは20メートルに達する可能性もあると考えられています。これはイカのみならず無脊椎動物の中でも最大の生物。しかも、吸盤にはL字型のかぎ爪が付いていて、なんと720度回転して相手に食い込み、えぐっていきます。一周が360度なので右回りに一周、左回りにも一周ということです。

この武器を持ってすれば、天敵である捕食者マッコウクジラとも互角に渡り合うことができるかもしれません。

しかし、ダイオウイカ、ダイオウホオズキイカ、マッコウクジラをはじめ、なぜ、深海の生物は巨大になるのか。陸上の動物ならば仮説の1つとして、寒い地域の生物、特に恒温動物の哺乳類は体温を保つため、体を大きくしていく「ベルクマンの法則」というものがあります。

これに当てはめれば、太陽光の届かない低温（2～3℃）の深海に生息する生物の体長が大きくなると考えられるでしょうか。しかし、クジラやイルカ類のような恒温動物ではないイカには、ベルクマンの法則も当てはまりません。

そこで、こんな説もあります。

深海には岩礁のような逃げ隠れる場所がなく、生き延びるためには捕食者をいかに避けるかが重要になります。海の中で避難するコツは相手よりも速く動くか、相手よりも大きくなること。そこで、ダイオウイカの場合は捕食者よりも大きく成長することで、食べられる危険を防いでいると。

とはいえ、それが食料も乏しく生存競争も厳しい深海で大きな体を持つ理由となるかと言えば……。巨大な体を維持するには、それだけのエサが必要になります。だとすれば、ほどほどのサイズが適しているはず。ダイオウイカにとっての「ほどほど」が本当にこのサイズなのか、今後の研究成果が待たれるところですが、こうした謎の多さが、ダイオウイカの人気につながっているのはたしかでしょう。

生物の系統樹は共通祖先に集約される

遺伝子の正体が判明したのは約60年前

性の誕生によって多様性が増した生物進化ですが、その「進化の系統樹」をたどっていくと、ひとつの根元にさかのぼることが出来ます。イメージとしては、太古に1つの共通祖先（ＬＵＣＡ）がいて、そこから少しずつ枝分かれしてきた結果が、今の地球の生物多様性であり、多種多様な生物からなる生態系。もちろん、進化の系統樹の途中で枝分かれが途絶えた種もたくさんいます。

しかし、1つの根っこからずっと木が伸びてきたというイメージは変わりません。たとえば、私たち人間は大きな括りでいうと、背骨を持った脊椎動物の1グループです（注30）。脊椎動物の枝分かれには、魚類、両生類、爬虫類、鳥類、哺乳類の5つのグループがあります。

この中では約5億年前に魚類が最初に登場し、その後、約4億年前に両生類が活動の場を水辺へ、爬虫類と哺乳類が地上へと広げていきました。両生類から爬虫類と哺乳類の共通の祖先が約3億年前に現れ、今から約2億年前に哺乳類の原型となる動物が誕生したとされています。

初期の哺乳類は体調10センチくらいの小型の動物で、夜行性。日中は恐竜たちが闊歩する地上で、夜中に動き出し、昆虫や果物を食べていたようです。そんな哺乳類の中でも、私たちが属する霊長類（サル目）の祖先となったのが、原始食虫類と呼ばれ

（注30）ちなみに、もう1つ上の括りでは「脊索動物門」に属します。この門には〝背骨と筋肉で動く〟「脊椎動物」グループと、〝別のグループ〟があり、別グループの代表格は、なんとホヤ。酒の肴にするホヤが、人間とホヤが同じボディ・プランであり、同じ共通祖先を持つとは意外な話です。

る動物。見た目は、ネズミとリスの間といった感じで、今も生きるツパイ（注31）という動物に似た姿をしていると考えられています。

さらに、霊長類とツパイの共通祖先から霊長類が分かれたのは今から６０００万年前。どうしてこうしたことがわかるかと言えば、その秘密は遺伝子にあります。かつて、20世紀半ばまで進化の系統樹は姿形が似ているか、似ていないかといった視点で描かれてきました。


当時から動物や植物には親から子へ、子から孫へと受け継がれている何かがあることはわかっていて、遺伝子と呼ばれていました。遺伝子というのは、親から子へ受け継がれる何かの因子という意味合いです。

しかし、遺伝子の正体はわからないまま。研究者たちは細胞の中にあるはずだと狙いを定め、核の中に秘密があると感じ取り、核酸が遺伝子の正体ではないかと研究を進めました。

その結果、核酸の中でもデオキシリボ核酸（ＤＮＡ）が遺伝子の正体だとわかったのは、１９５０年代のこと。１９５３年にジェームズ・ワトソン博士とフランシス・クリック博士がＤＮＡの二重らせん構造を発見。細胞分裂や生殖細胞を作る時、同じ

（注31）東南アジアの熱帯雨林に暮らす20センチほどの大きさの哺乳類。モグラなどの食虫類と霊長類の両方に似た性質を持っていますが、自然界で出来るアルコールとしては最も強いヤシ酒を飲む、酒飲みでもあります。

遺伝情報を持ったＤＮＡが２本に分かれ、その各々が新たに二重らせんの相方を合成し、二重らせんを複製します。これが「遺伝子のコピー」です。バクテリアのような無性の単細胞生物だと、遺伝子の全体である「ゲノム」をコピーしては分裂して増えます。

ところが雌雄のある有性の動物や植物の場合、ふつうの細胞（体細胞）ならゲノムを２セット持っていて、生殖細胞だと１セットしか持っていないので２つ（たとえば卵子と精子）が合体して２セットになって次の世代に受け継がれていくという仕組みが明らかになっていったのです。

恐竜は滅亡したのではなく、鳥に進化した

現在はＤＮＡを調べることで、進化の系統樹がより正確に見通せるようになりました。たとえば、人間とチンパンジーのＤＮＡを比べることで、共通の祖先が想定でき、いつ枝分かれしたかも推定できてしまいます。

ＤＮＡには生命の設計図、文字列が刻み込まれているのですが、じつは、この文字

列、私たちの知っている生物すべてで共通の使われ方をしているのです。

つまり、共通の文字と共通の文法です。共通の文字とは物質的にはDNAの中の「塩基」という部分で、通例だとA、G、C、Tと表わされる4種です。また、共通の文法とは3文字で1つのアミノ酸を指定することで、この塩基とアミノ酸の関係を「コドン」と言います。

もちろん、すでに発見され、調べられたという範囲内の生物のことであって、地球上の生物すべてを調べたわけではありません。しかし、今まで調べた生物が皆そうですから、何百万種とされる未発見の生物でも同じではないかと考えられるのです。

また、DNAはただの暗号で、それをアミノ酸がつながったタンパク質として具現化するRNA（注32）も私たちの知っている範囲ではすべて同じような使われ方をしています。

ですから、今、遺伝子の構造が分かっている生物をすべて並べると、系統樹のずっと遠くに共通の祖先がいたという仮定が成り立ちます。そこから遺伝子がどんどん分かれ、突然変異という進化を続けていった結果、少しずつ種に違いが生じてきた、と。そう想定すると、きれいに説明がつくわけです。

（注32）リボ核酸のこと。タンパク質を合成する過程で重要な役割を果たします。

それが遺伝子の側からの話。

そして、細胞という〝袋〟を作っている細胞膜を見ても部分的な例外こそあれ、地球上の生物にほぼ共通性があります。

このような事情から、私たちの祖先は単一の系統に連なっているはずだと考えることができるのです。極地で出会うペンギンと、都市に暮らす私たち人間も系統樹をたどっていくと、その過去にあったはずの分岐点で共通祖先に収斂されていくのです。

ペンギンは鳥ですが、鳥は恐竜の末裔です。しばしば「恐竜は絶滅した」と言われますが、これはある意味間違いで、「ほとんどの恐竜は絶滅したが、あるものは鳥に進化した」が正解です。そんな鳥類の一種であるペンギンと人間の共通点はどこにあるかというと、そのひとつは意外にも、おヘソです。

おヘソを持っているのは、生物の中でも哺乳類と鳥類と爬虫類だけです（注33）。この3つのグループをまとめて「有羊膜類」ということもあります。

人間とチンパンジーのような近い者同士は、外見も非常によく似ているわけですが、じつは見た目が遠い者同士もよく考えると高いレベル、深いレベルでつながっている。これが進化のおもしろいところです。

（注33）水の中で子どもを生む生物にはおへソはなく、陸上で生む生物にはおへソがあります。これは陸上で生むにあたって、栄養一式を子に与えるための細い管が発達し、それがおへソになったのです。なお、魚類であるサメの一部にもおへソをもつものがあります。このおへソは私たちと同じように胎盤とつながっています。しかし、サメの胎盤と私たち哺乳類の胎盤は見た目は似ていますが、由来はまったく異なります。サメの胎盤は卵黄嚢に由来したものです。

人間が滅びる日はやってくるのか?

新たな種が生まれ、適応できない種は淘汰されていく。そのくり返しが生物の歴史だとするなら、いつか私たち人間が滅びる日もやってくるのでしょうか。この問題について考える研究者はいつの時代もいました。

いくつかわかってきたこともありますが、残念ながら多くの謎は残ったままです。ホモ・サピエンスそのものの歴史は20数万年となろうとしています。ホモ・サピエンスの生物種としての寿命はそろそろ終わりを迎えているのか、まだまだ続くのか。これは正直、わかりません。ひとつはっきりしているのは、この20数万年の間に、氷期と間氷期がありました。ホモ・サピエンスはその歴史において、2度の氷期を乗り越えたわけです。

ですから、今後やってくる氷期、間氷期ぐらいでは私たちの種は滅びないであろうという予測は立ちます。ただ、ある研究では数万年前に地球上のホモ・サピエンスの個体数が1万人を切ったという説もあります。

通常、その数にまで減ってしまうと、個体群、ひいては種を維持することが難しくなるはず。確実にホモ・サピエンスは絶滅の危機にあったと言っていい。では、なぜその時に絶滅せず、今では70億人もの個体がいるのか。何かの偶然的な幸運に救われたのか、それとも何か必然的な理由があったのか、これもまたよくわかっていません。

種としてのヒト（ホモ・サピエンス）の性質と歴史を振り返った時、浮かび上がるのは強い攻撃性です。たとえば、ネアンデルタール人が消えてしまったのは遺伝子の突然変異などが原因ではなく、どうも私たちの祖先が何らかの攻撃を加えたから、という説がありました。

ただ、最近は必ずしもそうではなかったという説も唱えられているので、ホモ・サピエンスの一員である私としてはホッとしているところです。

ネアンデルタール人とホモ・サピエンスの共通祖先はホモ・エレクトス。アフリカ大陸に誕生したヒトという種の始まりです。このホモ・エレクトスは数十万年の間、ゆっくりとアフリカの地で勢力を伸ばしていきました。

アフリカ大陸から出た種が、環境に適応する中でネアンデルタール人になっていきます。ヨーロッパの地で暮らし始めたネアンデルタール人は、その後、アフリカを出たホモ・サピエンス、たとえばクロマニヨン人と出会います。

私たちのゲノムの中にネアンデルタール人のゲノムの一部が入っていることからも、かつてホモ・サピエンスとネアンデルタール人が交わっていたことは間違いないでしょう。それが4万年ほど前のこと。ところが、そこからネアンデルタール人は急激に個体数を減らし、地球上から消えていきます。

地球上にはある瞬間、4種類の人類がいたが…

当時は北半球において氷期がいちばん活発で非常に寒い時期でした。

ヨーロッパで暮らしていたネアンデルタール人は、拡大する氷河に追われるように南に下がってきたことでしょう。そして、地中海に出ようという辺りで、私たちの祖先と出会った。ここから先はまったくの想像ですが、南下するネアンデルタール人を地中海沿岸でホモ・サピエンスが迎え撃ち、アルプス山脈の氷河の奥へ追いやっていった（注34）……。そんなイメージを持つ研究者もいます。

そして、これが旧約聖書の中に登場する、カインとアベルの兄弟殺しではないか、とも。また、ネアンデルタール人よりも先に出アフリカを果たし、陸路で東へ向かった別の人類の一群もいます。彼らは現在のインドネシア辺りに定住し、ホモ・フロレシエンシスとなりました。

同時期にはシベリアにもデニソワ人（注35）と呼ばれる種がいたこともわかっています。しかし、いずれもホモ・サピエンスがその地域に到達したであろう時期に、滅びているのです。

ただ、どの種も滅びるまでの一時はホモ・サピエンスと共存していた時代があったはずです。つまり、地球上にはある瞬間4種類の人類がいた。その中で、今は私たちホモ・サピエンスだけが生き延びているのです。

恐竜のように隕石の衝突といった外的要因で絶滅することもありますが、ほとんどの種は新種と入れ替わるように消えていきます。

もし、この先、人間が滅びる日があるとすれば、それは自然環境の変化よりも戦争による自滅の方が可能性として高いでしょう。チンパンジーとホモ・サピエンスの差

（注34）　また、永井豪の「デビルマン」では、デーモン族が氷河の中に閉じ込められています。その復活を怖がる現代人の姿は、数万年前の記憶ゆえなのか…などとも思うのです。

（注35）　２００８年、現生人類（ホモ・サピエンス）とも、ネアンデルタール人とも違う、第３の人類の骨の化石が発見されました。現場は、ロシアのシベリア。モンゴルと中国、カザフスタンとの国境から３５０キロほど離れた場所にある、デニソワと呼ばれる洞窟でした。

はＤＮＡ上、１〜４％しか異なりません。チンパンジーには無類の凶暴性があり、それはホモ・サピエンスにも引き継がれています。

愚かな形での自滅を避けるには平和を愛する心を育む教育が必要ですが、それはあくまでも文化的なもの。生物学的には進化という形で、遺伝子レベルから叩きなおす必要があるのかもしれません。

具体的には、平和を愛する遺伝子がより良く残り、より良く広まるような選択圧をかけること。自然選択というより人為選択をしてでも。これは私たちの存在にかかわる〝賭け〟のようなもので、相当の覚悟が必要です。

攻撃性、凶暴性、暴力性をもつヒト（ホモ・サピエンス）ですが、それでもここまで滅びずに種をつないでくることができたのは、私たちの中に平和を愛する心と遺伝子があるからだと考えたい。この先、人類を進化させるか、させないかはチンパンジーとのわずかな違いの心の善にかかっている。私はホモ・サピエンスのゲノムに秘められた良心を信じています。

第3章

広大な宇宙に第2の地球を探して

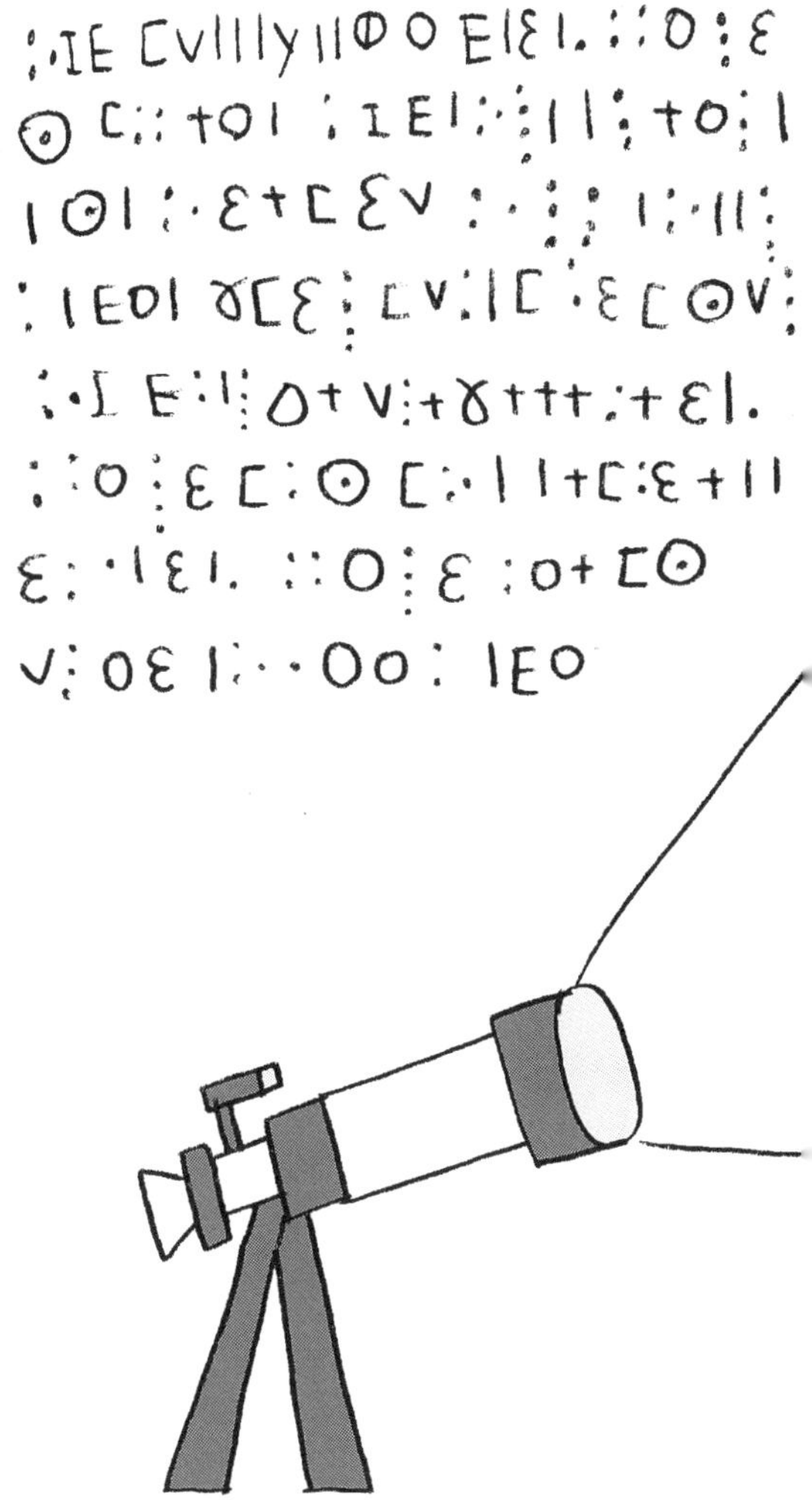

もし、宇宙人とばったり出会ったら

世界認定の「宇宙人との接触マニュアル」とは

私はあまり悩まない性格ですが、ここ数年、少し困っていることがあります。それは「もし、宇宙人と対面したらどうしたらいいのか」という問題です。向こうから声をかけてきたら、なんて答えたらいいのでしょう？　広島大学のキャンパスから美しい夕焼け空を見上げている時、そんな疑問に頭を悩ませています。

なにせ、その日はいつ来るかわかりません。可能性がゼロではない以上、準備はしておくべきでしょう。明日か明後日、私や皆さんが、彼ないし彼らとばったり出会ったら、どういう行動を取るべきなのか。そこで、簡単な問題を出したいと思います。

皆さんは宇宙人と出会ったら、どうしますか？

1.「こんにちは！」と元気よく返事をする

ハローでも、ボンジョルノでも、コメスタでもいいでしょう。積極的なコミュニケーションで絆を深めたら、『E.T.』のような展開もあるかもしれません。

2.何も見聞きしなかったことにして、立ち去る

地球にやってきた宇宙人が友好的とは限りません。『エイリアン』のようなタイプなら、関わり合いにならずに逃げるのも勇気ある選択です。

3.110番へ通報して、遠巻きに見守る

しばらくしたら『メン・イン・ブラック』のように然るべき機関から、黒ずくめの服を着たシークレットサービスがやってくるかもしれません。

私としては性善説で「1」を選んで、ぜひとも交流を深めたいところです。

しかし、人間界のルールとしてもっとも正解に近いのは「3」ということになっています。これは、国際宇宙航行アカデミー（IAA）が採択した「地球外知的生命の発見後の活動に関する諸原則についての宣言」、いわゆる「発見後ポリシー」postdetection policy（ＰＤＰ）があるからです。

宣言は９項目もありますが、そのうちの１項目に私たちと彼らとばったり出会った時に取るべき行動が示されています。

「一般に公開される前に、発見者は独立した観測によって発見が確認され、さらに連続したモニタリングが可能なネットワークが確立できるように、この宣言に関連しているすべての観測者・研究機関に速やかに通報せねばならない。関係者はそれが信頼できる証拠であると判明するまで、公開してはならない。また発見者はその者が属する国家の関連する機関に通報すべきである」

これは本来は宇宙人からの「電波」を受信した時の対応を定めたものですが、もし宇宙人に出会った時の対応もこれに準ずると考えられるのです。平たく言えば、「宇宙人と出会ったら国際宇宙航行アカデミーへ通報しなさい」ということですね（注36）。

宇宙人との出会いも第一印象が肝心

では、どんな人たちが、このＰＤＰという決まりを作ったのでしょうか。

（注36）宇宙人を目撃、発見、出会った時、どこに連絡すればいいのか……。僕は、「まずは国内だけでも仕組みを整えましょう」と国立天文台などに提案したことがあります。しかし、真剣な検討にいたるまでの壁は厚く、「長沼さんのいる広島大学を窓口にしましょうか？」という声も。それはそれでもいいのだけれど、僕は研究で留守がち。困ってしまうのでした……。

答えは、国際宇宙航行アカデミーのＳＥＴＩ（セチ）分科会です。「ＳＥＴＩ」(Search for Extra-Terrestrial Intelligence) とは、「地球外知的生命探査」のこと。つまり、地球外知的生命体を探査している研究者の集まりです。

じつは、ＳＥＴＩの研究者たちも目の前に突然、宇宙人が現れるという状況は想定していません。このＰＤＰは電波による出会いがあった場合の対応法です。しかし、現状では有効なＰＤＰはこれしかないので、宇宙人と出会った時のルールもこれに準ずることとなります。

とはいえ、目の前に宇宙人がいるのにコミュニケーションを取ってはいけない。世界中の研究者が話し合い、「確かに宇宙人である」と合意されるまで待てというのは酷な話。きっと合意までには1週間くらいかかるでしょう。

その間、彼らから何か言われても応えちゃいけないわけですから、これはかなり無愛想な態度ですよね。地球の第一印象も悪くなってしまいます。放っておかれる宇宙人のことを思うと忍びないですし、「おもてなし」の精神に反する振る舞いは日本人として恥ずかしい。明日にも起きうる事態なのだから、対処法をあらかじめ決めておきましょうというのが、私の持論。なにせ、人類の未来がかかっているかもしれないんですから。

宇宙人は右手型か？　左手型か？

仮に私たちが宇宙人と出会ったとしましょう。そのとき大きく立ちはだかるのが、もしかしたら「アミノ酸問題」。場合によっては、私たちが宇宙人に捕食される可能性もあるからです。

約500種類ほど知られているアミノ酸のうち、地球の生物は20種類のアミノ酸を使っています。ここに種による差はほとんどありません（注37）。この20種類のアミノ酸のうち1種類の例外を除いて、19種類は2つの形を持っています。

簡単にいうと、右手型と左手型。人間の手もそうですが、右と左、作りはまったく同じですが、絶対に重なり合わない。こうした特徴のあるものを光学異性体（鏡像異性体、立体異性体）と言います。光学異性体の意味するところは、鏡像関係、ミラーイメージ。物理的、化学的な性質もほとんど同じですから、化学式、融点、沸点、溶

（注37）例外的にセレノシステインおよびピロリジンの2つが使われる場合もあります。

解度もまったく同じ。つまり、すべての物理化学性質は同じだけれど、鏡像関係であることだけが異なります。

ところが、生物は右手型と左手型のアミノ酸を歴然と区別してしまいます。たとえば、ブドウ糖。ここにも光学異性体があり、私たちが食べて栄養になるのは、どちらか一方だけです。

もう一方は、ほとんど栄養にならない。甘みも感じません。見た目はまったく同じで見分けることが難しいはずの光学異性体を生物は完璧に峻別している。そして、光学異性体があるアミノ酸19種類のうち、私たちはどちらか一方しか使っていません。

その何かの理由によって使われている側は、左手型と呼ばれています。専門的にはLアミノ酸と言い、反対側は右手型、Dアミノ酸と呼んでいます。

生命の根源あるいは生物の進化のどの時点で選択されたのかは定かではありませんが、今いる地球生物の祖先はLアミノ酸だけを使う道を選んだわけです。もし、アミノ酸がすべてDアミノ酸なら、それはそれで成り立っていたでしょう。やっかいなのはDもLもどちらでも使えますという状態ですが、生物はそういうややこしいことをしません。

選択肢がある時は、迷わず、どちらか一方を使います。

そこで、仮に私たちが宇宙人と出会うとしましょう。

物理的にコンタクトし、ネアンデルタール人とホモ・サピエンスのように対峙する関係になった際、向こうがDアミノ酸生物であれば、私たちを捕食しても栄養にならないため無駄な捕食はせず、出会いは平和なものになる可能性が高まります。

ではもし、宇宙人がLアミノ酸生物ならば……私たちはエサと思われて食われるかもしれません。逆に、向こうが私たちに食われる危険を感じて攻撃的になる可能性もあります。

ファースト・コンタクトの時、お互いに「おたくは、D、L、どっち?」と聞くことが重要になるかもしれません。宇宙人のアミノ酸は右利きか、左利きか。それが問題になるのです。

研究者たちがアミノ酸に注目する本当の理由

同時に私たち研究者は考えます。地球上の生物がすべてLアミノ酸を選択しているというのは、本当だろうか……と。もしも、Dアミノ酸を使っている生物を探し当てることができたら、大発見です。なぜなら、地球における別系統の生物の発見だからです。
　私たちのいる系統樹、Lアミノ酸を使う生物とは系統的に異なるD型アミノ酸生物。これはもしかすると、祖先そのものが違う可能性もあり、地球外生命体の発見に等しい騒ぎ。私が極地を探索する時は、必ずDアミノ酸生物の発見を心がけています。もちろん、今のところ出会ってはいませんが、努力は続けていくつもりです。

　Dアミノ酸生物はLアミノ酸生物の蔓延《はび》こっているところには、居づらいはず。そう予想していることが、私を極地への旅に踏み出させる理由のひとつになっています。とはいえ、身近な環境でもサンプルの採取は続けています。じつはまだ見つかっていないだけで、私たちが暮らす街のどこかにも一枚ベールを剥がすだけで、Dアミノ酸生物が存在しているかもしれません。

　ちなみに、20種類のうちの1種類、グリシンは光学異性体がないアミノ酸です。最近、多くの研究者がどよめいたのは、アメリカの探査機「スターダスト」があるコメット（ヴィルト2彗星）から尾っぽの成分をサンプリングし、格納したカプセルを地球に帰した時のこと（本体はその後も飛行を続けました）。日本の探査機「はやぶさ」は小惑星イトカワからサンプルリターンに成功しましたが、「スターダスト」は彗星からサンプルリターンしたわけです。

しかも、そのサンプルを調べると、そこにはアミノ酸があったと報じられました。これはついに宇宙でのLアミノ酸を発見する出来事か？　と沸き立ったのですが、結果はDもLもないグリシンでした。

もちろん、宇宙空間でアミノ酸が発見されるのは偉業ですが、よりによって光学異性体のないグリシンか、と。私にとってはD、Lの情報が得られなかったことは残念でした。

なぜなら、地球外生命体の探査、あるいは発見の時にその生き物がLアミノ酸生物か、Dアミノ酸生物かは、大変重要なことだからです。宇宙的なDとLの広がりの問題は、1章の冒頭の話につながっていきます。

電波望遠鏡で生命の起源に迫る

地球外知的生命探査を支える電波望遠鏡

私たちのような知的生命体は、この宇宙に存在しないのか？

そのカギを握る道具があります。皆さんは電波望遠鏡（注38）をご存知でしょうか？これは宇宙について調べる時に欠かすことのできない大切なものです。望遠鏡と聞くと、学校や家庭で使われる光学望遠鏡をイメージされるかもしれません。じつは、光と電波は同じもので「電磁波」というくくりに入れられています。同じ電磁波なのですが、波長（あるいは周波数）が違うだけ。光のほうが波長が短いです。光よりも波長が短いものには紫外線やエックス線、ガンマ線があります。

宇宙には、光だけでなくエックス線やガンマ線、紫外線、赤外線、そして電波が飛び交っていますので、それぞれの電磁波をキャッチするための望遠鏡があります。そ

（注38）電波望遠鏡の仕組みは、大雑把にいえば家庭用の衛星放送と同じです。衛星からの電波を集めるパラボラアンテナ、電波を電気信号に変える受信機、そして電気信号を分析し映像に変えるチューナー。電波望遠鏡にもそれぞれ同じような役割をする装置があります。ただ、家庭用のパラボラアンテナよりずっと大きいです。世界最大の電波望遠鏡（アレシボ天文台）は直径305mもあります。

のひとつが電波望遠鏡なのです。

もう少し説明しましょう。この宇宙にあるものはすべてその表面温度に対応した波長（周波数）の電磁波を出しています。つまり、宇宙にある天体のほとんどは電磁波を出している、ということ。もちろん、私の体も皆さんの体も体温に対応した波長（周波数）の電磁波を出しています。

戦争映画などのワンシーンで、暗視スコープをした兵士が暗闇の中から敵を見出すシーンを見たことがあるかと思います。あれも電波望遠鏡と同じ仕組みで、赤外線カメラを通して私たちの体を写すと、人間の体の発する電磁波（赤外線）をカメラが捉え、肉眼では見えないはずの姿が画像や映像として映し出されるわけです。

宇宙で起きている現象は数億度という超高温のものから、絶対零度に近いような超低温のものまでさまざまです。

しかし、どんな温度であろうと、それぞれに応じた波長の電磁波が出ています。私たちの目は光以外の電磁波を捉えることはできませんが、電波望遠鏡や赤外線望遠鏡、紫外線望遠鏡、エックス線望遠鏡などは別。いろいろな波長の電磁波を観測することで、宇宙の構造と現象をより深く知ることができるのです。

地球外知的生命探査を行っているSETIの研究者が使うのも主に電波望遠鏡です。彼らの活動の始まりは1959年、科学雑誌『Nature』に、「地球外に文明社会が存在すれば、我々は既にその文明と通信するだけの技術的能力を持っている」と指摘する論文が発表されたところまでさかのぼります。

宇宙人がいるとすれば、地球と通信できる技術は持っているだろう、ということですね。これは21世紀を生きる私たちにとっては当たり前のように感じる推測ですが、当時としては画期的なものだったのでしょう。私たちが電波で無線通信するようになってまだたった100年くらいですが、宇宙人はもっと前からやっているかもしれなくて、私たちはやっとその仲間に入れるかということです。この論文の発表を合図に多くの天文学者が地球外の文明社会とのコンタクトを目指して行動を開始しました。

そのうちの1人が、天文学者フランク・ドレイクです。彼は1960年にウェストバージニア州グリーンバンクのアメリカ電子天文台で、世界初の地球外文明探査「オズマ計画」を実施。宇宙から地球に届く電磁波を電波望遠鏡で受信・解析して、地球外生命体の存在を探っていきました。

残念ながらオズマ計画では、これといった発見に至らなかったものの、「この広い宇宙に自分たち以外の知的生命が存在するはずだ」という考えを持つ研究者たちは、今日も電波望遠鏡による観測を継続しています。

「Ｗｏｗ！ シグナル」と地球外知的生命の発見

オズマ計画から現在までの間に「地球外知的生命の発見」の知らせはもたらされていませんが、かといって成果ゼロというわけでもありません。

なかでも有名なのは、１９７７年にオハイオ州立大の研究者がビッグイヤー望遠鏡によって観測した、通称「Ｗｏｗ！ シグナル」。これは、いて座方向の電波源から発せられたノイズレベルの30倍の電波で、72秒間に渡って検出されました。

驚いた研究者が検出した信号データのプリントアウトの該当部分を丸で囲み、「Ｗｏｗ！」と書き足したため、「Ｗｏｗ！ シグナル」と呼ばれることになります。

ちなみに、信号が検出された時間、その方角には航空機、衛星、探査機などは飛んでいませんでした。しかも、周波数は１４２０メガヘルツ（波長にすると２１１ミリメートル）。これは世界初の天文学用保護バンドで、地球人がこの周波数の電波を送信することは禁止されていました。

状況証拠的には自然界から発せられた電波とは考えにくく、何らかのメッセージだった可能性は高いといわれています。

好奇心をくすぐるアルマ天文台

光を観測していると何も見えない空間があったとします。ところが、電波を見てみると強い反応がある。超新星爆発を光学望遠鏡で観測すると輪郭が見えるだけですが、電波望遠鏡で見ると内側の塵やガスの分布状況が克明に見てとれます。

宇宙にはこのように光は見えないが、そこに何か活動的な天体がある。そんなケースがたくさんあります。

知らない世界を見ることのできるおもしろさ。これは好奇心をくすぐります。

なかでも、2012年に本格運用が始まったアルマ天文台の電波望遠鏡群はすごい。これはチリのアタカマ高地に設置された66台の高精度パラボラアンテナを1つの「すごい目」として使う画期的なもの。標高約5000メートルの高地に66台のパラボラアンテナが並ぶ姿は壮観で、地球周回軌道にあるハッブル宇宙望遠鏡や、ハワイのマウナケア山頂（標高4200メートル）のすばる望遠鏡の約10倍の解像度を誇ります。

アルマが観測するのは、電波の中でも波長の短いミリ波・サブミリ波です。宇宙の天体は温度に応じてさまざまな波長の電磁波を放っています。ハッブル宇宙望遠鏡やすばる望遠鏡は、星として十分に成長した高温の星などが放つ可視光や赤外線をとらえることを得意としていますが、アルマは星ができあがる前の材料となる塵やガスなどの低温物質（マイナス160～マイナス260度）も観測できます。

つまり、可視光では見られない暗黒の宇宙の姿をあぶり出すことができるわけです。

また、こうした驚きの視力を支えているのは、アンテナの性能だけでなく、天体観測の天敵である水蒸気が極端に少ない、アタカマ高地の乾燥した空気です。まれにしか雨の降らないアタカマ高地から遥か彼方の宇宙を見上げることで、銀河や恒星が誕生する様子、塵やガスが惑星系になっていく円盤を作り上げる姿など、今後に向けて次々と新しい情報をもたらしていくことになるでしょう。

見えないけどいるかもしれない存在を明らかに

たくさんの幅の電波の強度を一度に調べることのできるアルマに期待したいのは、「生命の起源」に関する観測です。

たとえば、アミノ酸など、生命発生に関する有機分子の探査。宇宙にある分子は、これまで150種類以上が発見されていますが、それぞれが固有の波長（周波数）の電波を出しています。ところが、アミノ酸の中でいちばん単純なグリシンですら、観測された記録がないのが現状。しかし、アルマの人間の眼に置き換えると視力6000とも言われる分解能力（注39）であれば、宇宙空間でのアミノ酸の分布を調べることができるかもしれません。

塵やガスによって黒い雲のように見え、観測の難しかった暗黒星雲、新しく生まれ

（注39）可視光ではなく、電波で見るため、この比較にはやや難がありますが、それでも東京から大阪の一円玉を見分けると聞けば、アルマの目の良さをぱっとイメージできるはず。

た恒星を取り巻き、惑星誕生の源となる原始惑星系円盤などにグリシンなどのアミノ酸が見つかれば、その意味するところは非常に大きなものです。というのも、アミノ酸が地球上の化学反応で作られた物質でなく、生命発生に関する有機分子は元々宇宙に普遍的にあるということになるからです。

すると、その有機分子が彗星などによって原始の地球に運ばれてきたといった想像も成り立っていきます。

つまり、宇宙において生命がどのように生まれ、進化し、私たちにつながっていったのか。今後、アルマが見つける情報は、「生命とはなにか」「地球外生命体とはなにか」「人間とはなにか」という巨大な物語を考えるうえで、この上ない示唆を与えてくれるものになるはずです。

いずれにしろ、ポイントとなるのは〝電波〟です。

人間が電波を使い始めて100年。第一次世界大戦以降、私たちが使った電波は100光年先くらいまでは届いており、その圏内には水が存在する地球型惑星もあると考えられています。となれば、今この瞬間もはるか遠くの惑星の知的生命体が、人類の出した電波を傍受し、こちらに向けて電波で返事をしてくれているかもしれません。

じつは地球からも〝彼ら〟にメッセージを送っている

地球外知的生命探査では電波の受信ばかりではなく、こちらからの発信も試されています。なかでも注目されたのが、アレシボ天文台が発した「アレシボ・メッセージ」です。

アレシボはプエルトリコにある世界最大の電波望遠鏡で、直径305メートル（注40）。その改装記念式の時、地球から約2万5000光年のヘルクレス座にある球状星団M13に向けて、数字、DNAの構成元素、人間、太陽系などを図形化したメッセージが送られました。今からちょうど40年前の1974年のことです。

今のところ返信はありません。しかし、これは「まだ返事はきていない」と言った方が正確でしょう。というのも、送信したメッセージが届くのに2万5000年、すぐに返事をくれたとしても2万5000年、計5万年もかかるからです。

仮に近くの天体にメッセージを送ったとしても、そこに生まれた地球外生命体が人

（注40）映画『007ゴールデンアイ』の舞台になりました。

間のように知能を備えている「宇宙人」となっていない可能性もあるからです。微生物のような姿をしていて、知能がないに等しければ、いくら電波を送っても返信はないはず。そういう意味で、電波を送った先に宇宙人がいなかったかもしれません。

それでもこの広い宇宙の中で、地球だけに知的生命体がいると考えるのもおかしな話です。なぜなら、私たちにとって欠くことのできない太陽は、この宇宙の中にいくつもある恒星の1つで、特別な天体ではないからです。

宇宙に1000億の1000億倍もある恒星のどれかに地球のような惑星がある可能性は高い。そして、地球のような環境であればそのどれかに人間のような知的生命体がいてもおかしくないわけです。

すでに私たちの電波は宇宙人にキャッチされていて、単に彼らの返事が地球に届くまで時間がかかっているだけかもしれません。

仮に地球とM13の間にある、40光年先の宇宙人がちょうど今ごろアレシボ・メッセージをキャッチしていたとしたら、彼らがすぐに返事を送ってくれたとしても、その電波が地球に届くまでにもう40年かかってしまうのですから。

いわば、私たちはいつ彼らからの返事が届いてもおかしくない状況にあるんです。

たとえば、1970年代に打ち上げられた4台の探査機、パイオニア10号、11号、ボイジャー1号、2号には地球外生命体に向けたメッセージが積み込まれていました。

このうちゴールデンレコード（注41）と呼ばれる人類からのメッセージを積んだボイジャー1号は、ちょうど太陽系の外に出たところです。宇宙人がこれらの探査機を見つけることは難しいかもしれませんが、1977年に打ち上げられたボイジャー1号は今もなお、通信用の電波を発信中です。もし、彼らの文明が十分に進んでいれば太陽系の外に出たボイジャー1号の電波を捉える可能性も十分に考えられます。

最新技術で注目される西はりま天文台

また、SETI（地球外知的生命探査）の研究者には日本人もいます。兵庫県立大学の西はりま天文台（同県佐用町）の天文科学専門員・鳴沢真也さんが発起人となり、2010年、オズマ計画50周年を記念して「ドロシー計画」という世界初の共同観測を実施。アメリカのSETI研究所やカリフォルニア大学、ハーバード大学、イギリ

（注41）地球上のいろんな音や各国の人々の言葉などが収録されています。

スのグラスゴー大学など、世界9カ国15機関が参加して、「くじら座タウ星」（地球から12万光年＝約114兆キロ）などを観測しました。

西はりま天文台が特徴的なのは〝電波〟だけでなく、〝光〟によるSETIを行っている点です（注42）。他の生命体とのコンタクトを望んでいる知的生命体は電波の他に、意図を持って強力な光のビームを宇宙中に向けて発射しているに違いない、と。そういう視点で宇宙からの光を観測。これは非常に興味深い研究です。

生命の３つの要件と火星

火星に生命がいた可能性は高い

火星に火星人がいるかもしれない……。そういわれるようになったのは、1877年にイタリアの天文学者スキャパレリが火星表面にある線状の模様を観察した際の誤

（注42）知的生命体が発する可能性のある超強力なレーザー光線を望遠鏡で調査する「光SETI」（オプティカルSETI）。日本の研究者は略して「おせち」と呼んでいますが、日本の西はりま天文台が主導しています。

訳が発端だといわれています。イタリア語で溝を意味する「カナリ（canali）」が、英語に翻訳される際に運河を意味する「カナル（canal）」と誤訳されてしまった。ここから、火星には運河を造る地球外知的生命体がいると騒がれるようになったという流れです。

この誤訳からアメリカの天文学者パーシヴァル・ローウェルが火星人の存在を強く信じるようになり、生真面目な火星人論争へと発展。1898年にイギリスの作家H・G・ウェルズが火星人の地球侵略を描いた小説『宇宙戦争』を発表し、多くの人がおなじみのタコ型の火星人の存在を想像するようになっていったのです。

その後、1960年代以降はバイキング計画などによって、火星の表面が乾燥した大地だということがわかり、生命の痕跡はないという説が有力に。ただし、その間も火星上空から撮影した写真に、人面のように見える岩（注43）が写り込み、かつて火星人がいた痕跡だとして大きな話題になりました（後に否定されました）。

地球のすぐ外側を回る火星に生命体がいるのかどうか。長年、議論になっていますが、私は過去の火星にはいただろうと考えています。

ただし、それは一般的に宇宙人と呼ばれる、高度な知的生命体ではなかったでしょ

（注43）探査機バイキングが撮影した人面岩は、2001年のマーズ・グローバル・サーベイヤー（MGS）の観測により、ただの山であることが判明。光と影の関係で、山が人の顔のように見えただけのようです。

う。もちろん、タコ型の火星人でもありません。

では、私がいただろうと考える火星生命体とは、どのような生き物か。それは「生命の3つの要件」を満たしている生き物です。第1章で「生命の4つの特徴」を述べましたが（P65参照）、そこから「進化」を除いた3つに相当します。

生命の3つの要件の1つ目は、「自己複製と増殖」。簡単にいえば、子孫を残すということです。微生物の多くは分裂して自分を増やしていきます。人間や動物、植物は自分とほぼ同じDNAをコピーして子どもを生みますよね。これが自己複製と増殖で、命を紡ぐ物が生き物であるということです。

2つ目の要件は「代謝」です。呼吸や食事で物質を自分の中に取り入れ、体を作り、動かす。基本的には、何らかのエネルギーを使って生きていると考えればいいでしょう。

3つ目は「膜」です。膜？　という疑問が浮かんだかもしれませんが、これは「ここまでは自分」と「ここから先は外の世界」と区別する境界線のこと。つまり、細胞膜です。単細胞生物は細胞の外側の膜が外界との境界ですが、私たち人間の場合、細胞が集まってできた皮膚がその役割を担ってくれています。

キュリオシティの探査でわかってきたこと

地球以外の星でも、単細胞生物や目に見えないほど小さな微生物であれば、３つの要件を満たす生物は存在できるはずです。また、ほとんど二酸化炭素ばかりの火星の大気の中にふつうなら二酸化炭素と共存しないはずのメタンがあることが報告されたことがあります（確定ではありません）。メタンは生命活動によって作られるものなので、もしその報告が正しければ、私としてはここに生命の可能性ありという希望を抱いています。

加えて、近年の火星探査機による観測では水が流れたようなさまざまな地形も発見済みです。かつて学会で火星の生命について論じるには科学者としての信頼性を捨てるような覚悟が必要でしたが、今や状況は一変しています。かつて火星に川があり、海があったという説が有力となり、むしろ生命の痕跡の発見が心待ちにされています。

そんななか、２０１２年8月には火星探査史上最大の探査車「キュリオシティ」が火星に到着（注44）。すでに着陸から1年以上の探査によって、過去の湖の跡など、

（注44）２０１２年8月6日（アメリカ東部夏時間）、危険を伴う着陸作業を経て、キュリオシティは火星に着陸。半年間、イエローナイフ湾と呼ばれる盆地を探査し、すでに地球へ１９０ギガビット以上のデータを送信した他、走行距離も1．6キロを突破。現在はシャープ山と呼ばれる標高５０００メートルの山の麓に向かって移動しています。

かつて火星には生物の生息可能な環境があった証拠を発見しています。

水は生命の源であり、その痕跡があることから、乾燥した火星の表面ではなく、地下水の存在が想定されている火星の地下に今でも微生物が存在する可能性はあると見ています。少なくともかつて生命が存在した、素地はあった、と。

もちろん、素地だけであって何もいないかもしれません。しかし、調べていく価値は十分にあり、さらに1年後には「キュリオシティが火星に生命の証拠を発見！」というニュースが流れることも夢ではありません。

生命の発見が期待される星たち

木星の衛星エウロパには海がある

太陽系にはまだまだ水のある場所があります。なかでも私が生命の発見を期待しているのは、木星の衛星エウロパ（注45）です。1989年に打ち上げられた木星探査機ガリレオは木星とその衛星の探査に挑み、エウロパにも何度も接近し、調査を行い、さまざまなデータを収集していました。

そこからわかってきたのは、エウロパが氷の殻に覆われた衛星であること。そして、その氷の殻の下には「海」と呼んで差し支えない分厚い水の層が広がっているだろうことです。

ガリレオから送られたデータを解析し、また地球からも観測したところ、氷の殻の厚さは約5〜10キロメートル、海の水深は約50〜100キロメートル。研究者はこの海をインテリアオーシャン、内部海と呼んでいます。

分厚い氷と硬い岩盤の間にある海。地球でいえば、南極の分厚い氷（氷床）の下には400個以上の氷床下湖という水の層があります。これは〝内部海〟のようなものです。

後でまた述べますが、南極の氷床下湖で最大の湖はヴォストーク湖といいます。湖と呼ぶには巨大なその面積は琵琶湖の約22倍、深さは最深部で約600メートル。まさにこの数年、ロシアの調査隊が3769メートルの分厚い湖氷の層を掘り進み、2012年2月に湖面到達しましたが、逆流して上がってきた湖水が凍ってしまいまし

（注45）木星第2の衛星で、2007年までに発見された衛星の中では、内側6番目の軌道を回っています。

た。その後もより慎重に掘削を続け、閉じ込められている湖水を調査しようと試みているところです。ヴォストーク湖の水から新たな発見があれば、それは南極の研究に新たな展開を呼び起こすことになるでしょう。

一方、エウロパの内部海を直接調べる（注46）ことができるのは、はるか先のことになりますが、海底に海底火山があることはほぼ確実と見られています。閉じられた海の中に火山活動があり、エウロパという天体は内部から化学物質と化学エネルギーを供給している可能性が高い。ここから想像できる海底の様子は、地球の海底火山に近いと考えられます。

地球の海底火山と同じようにエウロパの海底火山にも熱水噴出孔があり、チューブワーム（P67参照）のような生態を持った生き物が暮らしているのではないか。太陽の光がなくとも、熱と水があれば生きていくことができる生物はチューブワームの他にも、特に微生物が多く存在しますから、エウロパの内部海には想像以上の生態系があるのかもしれません。

（注46）私はできるものなら、エウロパに海洋研究開発機構の有人潜水調査船「しんかい６５００」を運び、探査したいと思っています。じつは、スペースシャトルの貨物室に「しんかい６５００」が搭載できることまでは確認済みです。

陸地がない惑星に地球外生命体は存在するか?

仮にエウロパの海に大型の生物がいる、あるいはいたとしたら、どのような姿になるのでしょうか。

かつての地球人が火星人＝タコ型と思っていたように、現代を生きる私たちは宇宙人と聞くと、大きな頭に黒目だけの尖った目、小柄で手足だけが異常に長い「グレイ」を思い浮かべます。これは映画や小説から植え付けられたイメージであって、実際に地球外生命体が暮らす環境を考えていくと、まったく異なる姿が想像できます。

しかし、水惑星やガス惑星（注47）に生息する生命体は、あまり知能が発達していないとも考えられています。ここでいう知能とは科学や文明のことで、私たちのサイエンスは天体の動きを見る天文学から始まっています（注48）。月や太陽の1日の動きを観察し、季節の移り変わりを見て、狩りや農業に役立てる。どんな地球上のどんな文明にも、必ず天文学者がいたものです。

（注47） 惑星全体が水やガスで覆われた惑星。

（注48） 天文学の起源は暦を作ることから始まったとされています。世界ではじめて月と太陽の運行周期を体系化したのは、メソポタミア。紀元前3000年の時点で、19年を単位とし、そのうち特定の年を12カ月、別の特定の年を13カ月とおくことで、月と太陽の運行のずれを吸収する暦法を作っていました。

ところが、水の中からでは上を見上げても天体を観測することができません。見えてもぼんやりとしたもので、天体の動きと季節の変化を知るところまで達しないでしょう。

つまり、水の上の世界に関心を持たなくても、海中で生活が完結してしまうため、脳の進化はクジラやイルカのような方向に向かうはず。生命の発見と地球外知的生命体の発見の間には大きな隔たりがあるのです。

土星の衛星エンケラドスには熱源、水、有機物が揃う

火星やエウロパよりも生命発見の可能性が高いのが、太陽から見て、木星よりもさらに離れたところにある土星。その衛星の1つである、白い衛星エンケラドスあるいは英語読みしてエンセラダスです。

1789年、イギリスの天文学者ウィリアム・ハーシェルによって発見された直径わずか504キロほどの小さな衛星は、太陽系の中でも非常に特別な存在です。なぜなら、間欠泉のように氷を吹き出す火山があるからです（注49）。

（注49）2013年にエウロパでも間欠泉が発見されました。

エンケラドスの表面は白い氷の殻に覆われており、「タイガーストライプ」（虎の縞）と呼ばれる複数の並行なひび割れを除いて、ほぼ無傷のまま。きらきらと輝く美しい衛星です。そして、このタイガーストライプから噴き出すのが、内部の熱源によって溶かされた水（水蒸気）と氷の破片なのです。

東京〜大阪間ほどの大きさにもかかわらず、内部に熱源があり、火山が噴火している。ところが、噴出するのはマグマではなく、氷を含む水蒸気。こうした火山は研究者の間で、「氷火山」と呼ばれています。

以前は、その様子を地球から望遠鏡で観察するしか方法はありませんでしたが、そして、地球望遠鏡ではわからなかったのですが、1997年に打ち上げられ、2004年に土星の周回軌道に到達した土星探査機カッシーニによって詳細な画像やデータが地球に送られてきたのが2005年と2008年。

それによると、エンケラドスの南極付近から間欠泉のように氷が噴き出しており、この氷火山によって、つねに表面に新しい氷が供給されているようです。そして、宇宙生物学的（注50）に重要なのは、この噴出物の中に有機物が含まれていたことでした。しかも、この噴出物はナトリウムも含まれていて、もしかしたら氷の下に「塩水

（注50）　生命の起源や生命現象について、生命科学のみならず、天文学や惑星科学、地球化学など、生命が誕生し持続するための環境や背景までをとらえて考える学問、それが「宇宙生物学」です。その最大の目標は、まさに「宇宙で生命を見つけ出す」ことにあります。

の海」があるかもしれません。

今のところ間欠泉を噴き出させている熱源は不明ですが、エンケラドス内部における放射性物質の崩壊や土星と衛星ディオネの潮汐力によるものではないかと推測されています。いずれにしろ、熱源、水、有機物の3つが揃っているのは太陽系では地球以外にエンケラドスしかありません。この21世紀の発見が今後、どう研究に生かされていくのか、非常に興味深く見守っています。

エンケラドスに生命はいるか

将来に向けて、探査機によるエンケラドスの生命発見プロジェクトも考えてみたいですね。たとえば、木星の衛星エウロパの海は厚さ数千メートル以上の氷に覆われていますので、内部海の水を採取するためには氷を掘削する必要があります。つまり、エウロパの水を地球に持ち帰るには、掘削能力を持ち合わせた探査機を開発し、打ち上げ、木星軌道への到達、着陸、掘削、サンプル回収、離脱、帰還軌道、回収といった難題をクリアしなければなりません。

その点、エンケラドスは、衛星の表面にあるひび割れから氷を含む水が宇宙空間に噴き出しています。これを採取し、地球に持ち帰るのはエウロパよりも簡単です。しかも、日本には宇宙航空研究開発機構（ＪＡＸＡ）の小惑星探査機「はやぶさ」による小惑星イトカワの探査という成功例があります。

はやぶさがイトカワの表面にある砂のサンプルを持ち帰ったように、エンケラドスの地表近くを探査機に飛行させ、噴き出している水を採取。地球に持ち帰ることができれば、開発期間を含めても20〜30年という現実的な時間でプロジェクトを計画することもできるのではないでしょうか。

そして、持ち帰った水に含まれる成分を分析することで、エンケラドスに海があるのか。あるのならば海ができてからどれくらいか、海底にどんな岩石があるか、どういったエネルギー代謝があるかを調査することが可能になります。

海の組成や年齢がわかれば、最低限でもエンケラダスに生命がいるかどうか、いるとすればどのようなものかという生命の存在条件を知ることができます。

そこに生命がいれば、間違いなくエネルギー代謝をしているはずで、エンケラドスの環境に多いと予想される水素、一酸化炭素、二酸化炭素やアンモニアを使ったものでしょう。エンケラドスに向けたミッションは十分に実現可能で、「はやぶさ」によるイトカワのサンプルリターン同様、多くの知見をもたらす探査となるはずです。

タイタンには水ではなく、油の湖や川がある

土星にはもう1つ、見逃せない衛星があります。土星最大の衛星であるタイタン（注51）は、濃い大気と雲で包まれた天体。表面温度はマイナス179度の超低温で、大気が濃いために気圧も高く、地球の1・5倍の気圧がかかっています（注52）。

そして、注目したいのは表面に液体の湖や川があることです。ただし、この湖や川の液体は水ではありません。地球よりやや高い気圧と超低温によってエタンやメタンといった地球上ではガス状の物質が、液体となって湖や川を作っていると考えられています。ただし、エタンやエタン水とは似ても似つかない、言ってみれば油で、炭素が1つだとエタンになり、2つだとメタンに、8個だとオクタン。これはガソリンで使う、ハイオクのことです。

つまり、タイタンには水ではなく、油の湖や川があるわけです。

（注51）タイタンは1655年、クリスティアーン・ホイヘンスによって発見された土星の第6衛星です。

（注52）タイタンの大気の成分のほとんどは窒素ガス（N_2）で、数%のメタンが含まれています。

では、なぜ太陽系の辺境ともいうべき、寒さと油にまみれたタイタンの環境に注目しているのか。その理由は、地球とはまったく異なる成り立ちによる生命がいるかもしれないからです。

2005年、土星観測衛星カッシーニから発射された探査機ホイヘンスがタイタンに着陸。当時の調査によると、タイタンにはメタンやエタンの降雨と、流れる液体による浸食で作られた河床があることも確認されました。また、大気の状態は原始の地球に近く、生命体の存在を示唆するかのような有機化合物も含まれています。特にメタン。メタンはいちばん単純な有機化合物で、タイタンの大気の下層部（対流圏）では大気の約5％がメタンです。

メタンは太陽の光によって分解するので供給がなければ消滅するはず。地球の場合、生物が常にメタンを副産物として作り出しているため、一定量が存在する。ならば、タイタンのメタンも同じく生物の関与によるものかもしれない。そんな仮説が成り立つわけです。

それにしても、油の湖で生きる生物とはどのようなものなのでしょうか？　そう聞かれても簡単には想像できませんよね。なぜなら私たちの生物学、生化学は基本的に水を中心に考えられてきたからです。

油っぽいところで成り立つ生物学、生化学ってあるのか。

私たちが今まで蓄積してきた学問の知識はタイタンのメタンやエタンの湖では役に立ちません。こうしたことを考えるのは、アストロバイオロジー、宇宙生物学の楽しいところです。大気に有機物があり、液体があり、火山活動もあるとされているタイタンは、なんとおもしろい環境なのでしょう。

ヴォストーク湖の向こうにエウロパを見る

世界有数の大きさを持つ氷床下湖

地球に生まれた最初の生命は水の中にいたと考えられています。細胞の外を水で囲まれ、細胞の内側もまた水で満たされた生物。これを私は「水の中の水っぽい生命」と呼んでいます。

この水の中の水っぽい生命の細胞膜は、外側の水と内側の水を仕切るために基本的に脂質でできています。しかし、タイタンにある液体は油のようなもの。周囲が油の海ならば、もう仕切りはいりませんよね。


すると、地球の生物のように水に依存した生命体ではなく、油をベースにした細胞膜のない生命体が存在するはずです。

細胞膜は生命の定義、重要な特徴だとされていますから、これがいらないというのは既存の生物学からすると非常に逸脱している。しかし、仕切りとなる細胞膜がいらないのであれば、生命はより発生しやすいとも言えるかもしれません。

タイタンのオンタリオ・ルーカスと呼ばれる湖は、数万年前は広範囲に液体を湛えていた痕跡がありますが、現在はかなり狭くなっています。液体のメタンが蒸発してメタンガスになってしまったのでしょうか。原始の地球でも水たまりのような場所に、アミノ酸や核酸塩基、ＤＮＡの元となる有機物が溜まり、濃縮、蒸発してお互いがくっつくことが盛んに起き、それが生命の誕生につながったという干潟説（Ｐ52参照）

があります。

そう考えた時、タイタンの沼地に地球とは異なる地球外生命体が誕生していても不思議ではありません。地球外生命体を想像するということは、私たち生命の基本細胞の概念を払拭し、頭の中を「なんでもあり」の状態にして想像する必要があるのです。

過去3000万年間、隔離されていた貴重な生態系

エウロパの内部海に近い環境が、この地球上にも存在します。

それは、先述した南極のヴォストーク湖。この湖は、南極の氷床の下にある世界有数の大きさを持つ氷床下湖です。発見されたのは比較的最近で、1970年代から人工衛星による南極探査によってその存在が示唆され、1991年にその存在が確実になったものです。

氷の表面の形は、氷の底の形を反映するので、山があれば盛り上がり、谷があったら深く沈み込む。まっ平らというのはどうしてだろう？　とレーダー探査したところ、地下に湖があることがわかった。以来、探査は進み、今、南極大陸の地下にはヴォス

トーク湖の他にも氷床下湖が400近くあるといわれています。

その中でいちばん大きい湖が、ヴォストーク湖です。面積は琵琶湖の約22倍、深さも600メートルあると考えられています。氷床下湖がまだ発見される前、直上に旧ソ連、ロシアが観測基地を作っていたので、現在は主に同国の調査チームが湖に向かって約3800メートル以上ある氷を掘り進めています。

分厚い氷の下で、湖水の表層の200メートルまでは凍っていますが、その下にはまだ凍っていない湖水があります。とはいうものの3800メートルもの氷の層の下にある湖水が、なぜ凍らないのか。これも不思議なところです。

その答えは諸説ありますが、有力なのは2つ。ひとつは、この氷の上に氷床が乗ったのは今から約3000万～1500万年前。この時間では湖水が完全に凍るにはまだ短すぎるというもの。もうひとつは、湖の上に氷河が乗ってきたものの、岩盤からの地熱で凍りにくい状況になっているというもの。

いずれにしろ、そこに液体の水があるのはたしかで、何があるのか、何がいるのかは注目の的です。掘削時は掘削流体という液体を注入しつつ掘り進めますが、数メートル進むたびに円柱状にくり抜いた氷を引き上げていますから、ワイヤーの上げ下げにものすごく時間がかかります。
20年以上もかけた掘削の結果、２０１２年、ロシアは氷のすぐ下、ヴォストーク湖の表面の氷まじりの水の回収には成功。そこにはどう分類してよいかわからない微生物がいました。現在もなお湖水調査を進めているところです（注53）。

ヴォストーク湖に氷床が乗ったのは、約３０００万～１５００万年前のことだと考えられています。つまり、最大で過去３０００万年隔離された環境がそこにある。すると、独自の進化を遂げた生物がいるかもしれません。水中の酸素に関しては、なくなっているとする説と酸素濃度が高くなっている説があります。前者ならば大きい生物はいないだろうと考えられ、後者ならば大型の生物がいてもおかしくはないんです（注54）。

というのも、南極の氷河は降り積もった雪が圧縮されたものです。雪というのは何割かが水で、残りの何割かは空気ですから、そもそも降り積もった雪が圧縮されてできた南極の氷床の氷には圧縮された空気が入っています。
それが積もり積もっていき、湖水と接する面で氷床から湖水の中に酸素を含んだ空気が放出されている可能性を考えると、ヴォストーク湖の水に豊富な酸素が含まれて

（注53）　ロシア南極観測隊の公式発表によると、掘削流体が噴き出して圧力の上昇も確認できたというので、実際に「湖面到達」はしたのでしょう。そして湖水も採取しましたが、回収する間に凍ってしまったそうです。その一部はプーチン大統領に献上されましたが、それ以上のサンプル採取は今後のこととなります。

（注54）　前者の場合でも生物はいるでしょう。ただし、私たちは無酸素でも生きる生物をすでに地中でいっぱい知っていますから、あまりおもしろくないですね。私は後者の可能性を考えています。

いてもおかしくはありません。過去3000万年間隔離されていた貴重な生態系。それがあればいいと、私は期待せずにはいられません。

氷の中に圧縮された空気からわかること

このヴォストーク湖の暗く冷たい水域こそ、木星の第2衛星エウロパの内部にある海に類似していると考えられています。ともかく最大で過去3000万年間隔離されていた貴重な生態を期待して、エウロパの内部海に想いを巡らせることができます。

エウロパは厚さ5から10キロの氷の殻の下に液体の水があって、構造はヴォストーク湖とよく似ている。そういう意味でも今回の調査は興味深く、将来エウロパの海を探査するための前哨戦ともいえるのです。

私はこれまで過去3回、南極に行ったことがあります。最近では第52次南極観測隊の夏隊員として上陸。大陸の周辺にできる雪解け水による沢や地表の湖などで、生物調査を行いました。

南極と聞くと一面氷の世界というイメージを抱かれるかもしれませんが、海岸沿いには岩盤が顔を出している「露岩域」もたくさんありますし、南極海にある島「リビングストン島」などは「海洋性南極」と言われますが、そこは南極大陸より温暖な気候なので、ペンギンやアザラシその他たくさんの動植物が生息しています。

南極大陸の面積は日本の37倍。その表面に平均2000メートルの厚さの氷が乗っています。私が調査の対象としている微生物は、氷の表面にも、氷の中にも、氷の底と岩盤の間にもいて、南極への興味はつきることがありません。

この広い氷床は、もともと南極に降り積もった雪です。長年にわたって降った雪が押し固まり、層をなして氷になっている。つまり、下の方に行けば行くほど、古い雪が固まっているわけです。

そして、雪は多くの空気を含んでいますから、氷の層の中には当時の大気がぐっと密封されています。

私は何度か南極の氷でオンザロックと洒落こみました。すると、氷が溶けていく時に閉じ込められていた圧縮空気が破裂して、パチパチ、ポコポコと音がしてきます。あの空気はまさに太古のもの（注55）。南極の氷は数十万年前の空気をそのまま保存しているタイムカプセルなのです。

（注55）具体的にいつのものかは、深さによって変わります。

それはさておき、日本も含め、各国の研究チームが南極の氷に穴を掘り、過去の空気の成分を調査しています。南極大陸の上に氷河が拡大し始めたのは、前述したとおり約3000万年前ですから、地層状の氷を掘り出せば、時代ごとの空気と水が詰まっていて、その空気や水に含まれる水素や炭素や酸素などの元素の情報（たとえば同位対比）などの情報から過去の気候を再現できるのです。ただし、今ある氷床のいちばん古い氷でもせいぜい百数十万年前のものではありますが。

日本のチームは過去に厚さ3035メートルから氷を掘り出すことに成功しています。その岩盤に近い底の方の氷は、今から72万年前に降ったものでした。その氷を分析し、過去72万年間の気温、二酸化炭素濃度などの変動の歴史を知ることはとても重要なことです。

たとえば、地球温暖化に関連して大気中に放出された二酸化炭素濃度が問題になっていますが、人間の文明が、特に産業革命以来のここ200年の人間活動が地球に対してどのような影響を与えているのかは過去のデータと比べて初めてわかること。氷床の空気はその大きなヒントを与えてくれるのです。

第4章

人類が宇宙へと旅立つ日

地球以外の星に住むことができるのか

地球を離れて暮らすため

「人間が宇宙の中で特異な存在かどうか?」

時々、このような質問を受けることがあります。そんなとき、私は「うーん」と一息ついた後、こんなふうに答えるようにしています。

「今いる〝ヒト〟という生物種に限っていえば、過酷な環境で生き延びることのできる生物の中には〝ヒト〟みたいなのはいないと思う。〝ヒト〟っていうのは、テクノロジーによって住める範囲を広げているのであって、生身の体だけ見れば軟弱な生き物です」と。

たとえば、約20万年前に〝ヒト〟が誕生して以来、1961年まで、〝ヒト〟は地球を離れたことがありませんでした。

それ以来、ロケットやスペースシャトルを作ることでごく一部の限られた人だけですが、宇宙に出るようになりました。現在ではＩＳＳ（国際宇宙ステーション）に滞在し、地球を離れて生活する人間（注56）も登場しています。

そして、21世紀。人口爆発、環境破壊、あるいは宇宙からの巨大隕石の衝突など、さまざまな要因から人類は本格的に宇宙で暮らすことを検討すべきという気運が高まっています。かつてはＳＦ映画やＳＦ小説、アニメーションの世界のものだった「宇宙エレベーター」や「スペースコロニー」、「火星移住」などが真剣に検討される時代となりました。

厳しい選抜試験を勝ち抜いた宇宙飛行士だけではなく、一般の人も宇宙へ出ることが可能になる世界。それが実現するまでには大きな壁がいくつもあります。

なかでも私たちが地球を離れて暮らす上でクリアしなければならない重要な課題が４つあります。

1. 放射線による体への影響

2. 無重力による体への影響

3. 移住先の大気中の酸素の問題

（注56） 1人の人間が宇宙に滞在した最長記録は438日。記録を作ったのは、ロシアのワレリー・ポリャコフ宇宙飛行士。宇宙ステーション「ミール」に滞在しました。

4．地球外での食料の確保の方法

生命力とは本来、たくましいもの

この4つはいずれもしっかりと考え、解決していかなければならない課題です。しかし、生命活動の基本は体が第一。健康の維持は重要です。特に地球から宇宙空間に出た直後から体に影響を与えるのが、宇宙放射線の増加と重力の変化。本来ならば、ここで放射線影響の講義をしたいところですが、内容が専門的になり過ぎるので本書では割愛します。その代わり、重力について見てみましょう。

無意識のうちに私たちの足の骨は自分の体の重さを、腰の骨は上半身の重さを、首の骨は頭の重さを支えているのです。逆にいえば、地球で暮らしている限り、重力や気圧などの負荷を受け、私たちの骨と体は常に強化トレーニングを受けているともいえます。

ところが、宇宙は無重力か小重力で、月は地球の6分の1、火星は3分の1の重力しかありません。すると骨や体を鍛えていた負荷がなくなり、骨がなまって骨粗しょう症なってしまいます。また、足腰をあまり使わないので筋力も衰えてしまうのです。

ですから、ISS（国際宇宙ステーション）（注57）に滞在している宇宙飛行士は、毎日2時間のマシンを使った運動を義務付けられ、宇宙医学という研究分野では骨粗しょう症の予防薬も開発されています。

しかし、この問題を根本的に解決するには、宇宙でも重力を作るしかありません。宇宙ステーションでの暮らしであれば、ステーションそのものを回転させて遠心力をかけていけば、それが重力の代わりになります。

軟弱な生き物である人間はテクノロジーの力で不向きな環境と向き合っていくしかないのです。とはいえ、チャンスがあればどこでも適応してがんばれるのが、生命の本質です。もしも、地球という安定した環境に問題が生じるとわかれば、私たちは今まで以上の力を発揮して技術革新を進めるはずです。

生命力とは本来、たくましいもの、がんばるもの。その力が私たちに一人ひとりに宿っているのは間違いありません。しかし、この章では、なぜそこまでがんばって宇宙で暮らすことを想定しなければならないのか。そして、そのための準備は進んでい

（注57）国際宇宙ステーション（ISS）は、地上から約400キロ上空に建設された巨大な有人実験施設です。1周約90分というスピードで地球の周りを回りながら、実験・研究、地球や天体の観測などを行っています。

るのかについて考えていきます。

地球は人口爆発に耐えられるのか？

21世紀末、地球人口100億人時代が到来

20世紀に入る前まで、沖縄は、特に南の地域は幾度となく疫病に襲われました。熱病や風疹、コレラなどでずいぶん多くの人がなくなってきた歴史があるのです。

また、サンゴ礁の島であるため、土壌の栄養分が乏しいうえに水分保持力も弱く、必ずしも稲作や畑作には向いている土地ばかりではありません。したがって飢饉にも襲われました。とはいえ、私も沖縄トラフなどの調査で何度となく沖縄を訪れていますが、酒も料理も独特の旨さで疫病と飢饉がなければ、一年を通しての寒暖差も小さいのでとても過ごしやすいところだと思います。

そんな沖縄のような南の島をモデルにして、今のホモ・サピエンスの人口増加問題を考えてみたいと思います。

まずは、地球全体が〝南の島〟になったとイメージしてみてくださいね。気候もよく過ごしやすい場所でホモ・サピエンスはその数を増やしていきます。また、環境の良さを聞きつけた他の島からの移民もやってくることでしょう。しかし、本来は生産力の乏しい島です。収容できる人数には限界があります。

そうなった時、島はどうなっていくのか。

未来図を描く時、参考になるのがイギリスの経済学者ロバート・マルサス（注58）によって1798年に発表された「人口の原理に関する一論」という人口論です。「マルサスの人口論」と呼ばれる、この考え方は2つの柱から成り立っています。

- **人間の生存には食料は必要である。**
- **人間の情欲は不変である。**

ホモ・サピエンスは食い、交わって増える生き物だということですね。マルサスは、

（注58）トマス・ロバート・マルサスは、イギリスサリー州ウットン出身で、古典派経済学を代表する経済学者。1766年2月14日生まれ、1834年12月23日、没。

この2つの柱から人口論をこんなふうに組み立てていきます。

1．人口は、人間が生きていくために必要な食料や衣料などの生活物資が増加するところでは常に増加する。逆にいえば、生活物資の有無によって人口は制限される。

2．人口は盛んな交わりによってねずみ算式に増加するが、生活物資は生産によって算術級数的にしか増加しない。そのため、人口は常に生活物資の水準を越えて増加する。この結果、必然的に生活物資の分配には不均衡が発生する。

3．不均衡が発生してしまった人間の集団では、それを是正しようとする力が働く。人口の増加を抑えようとする積極的妨げ（貧困、飢饉、戦争、病気など）、予防的妨げ（晩婚化・晩産化・非婚化による出生の抑制）が起きる。また生活物資に対してはその水準を高めるための人為的努力（耕地拡大、生産方法の改善、物流の改善など）が進む。

4．こうした人為的努力の結果もたらされる新たな均衡状態は、人口、生活物資とも以前より高い水準で実現される。

人口が増えすぎて、物資が行き届かなくなった時、〝南の島〟は飢饉や疫病の流行というカタストロフィを何度も経験します。マルサスの人口論の3の段階です。そして、それを乗り越え、やがて4の段階で人口が推移していきます。

じつはこれ、〝南の島〟の話ではなく、地球も同じなのです。私たちホモ・サピエンスは、戦争、疫病、飢饉といったカタストロフィを乗り越えながら、技術革新をくり返し、右肩上がりに勢力を増してきました。

21世紀の末には、100億人。ホモ・サピエンスは種の誕生以来20万年の時間をかけて、100億人に到達するわけです。はたしてこれはめでたいことなのでしょうか。

中国、インドの急成長がもたらす危機

たとえば、賛否の分かれる中国の一人っ子政策は、人口増加抑制だけを考えると、意味のあるものでした。ところが、世論に押される形で2014年には枠が緩和され

ます。13億人を越える国が政策を変えることは、人間の歴史に大きなインパクトを与えることになるはずです。

そして、10年後には中国の人口を抜くと言われているインド（注59）および今後の発展が予測されるアフリカ大陸でもホモ・サピエンスは増え続けます。新たに生まれ、増えた人たちが、今の先進国のような豊かでぜいたくな生活を求めるのも当然です。

結果、資源の価格は吊り上がり、食料問題やゴミ問題が拡大し、国境を越えた地球環境への影響も計り知れません。それでも、2回の世界大戦を経験した20世紀の人間たちが見つけ出した国際関係の1つの到達点は「内政不干渉」ですから、他国に「発展するな」とは言えません。

この先、マルサスの人口論の「3」から「4」に向けて、何か具体的な貢献策をホモ・サピエンス全体で考え出さなければならない。その1つの可能性が、地球外への移民という選択肢です。

向かう先がどの星となるのか。『機動戦士ガンダム』（注60）に登場するようなスペースコロニーなのか。宇宙に住む場所を作り、そこで物資を採掘ないしは、運び込む技術の確立は今世紀以降に向け、欠くことのできない人的努力なのです。

（注59）現在のインドの人口は12億5840万人ですが、2026年には14億7100万人となり、中国を抜き、世界一の人口大国になると予想されています。

（注60）スペースコロニーへの宇宙移民が始まった宇宙世紀0079年を舞台にした国民的アニメ。

水の惑星、地球の本当の姿

人口急増地域での水を巡る争いが勃発!?

地球は「水の惑星」と言われています。実際、宇宙に浮かぶ地球の姿は青く美しいものです。しかし、その見た目に対して、地球上にある水はわずかなもの。全質量の0・02%しかありません。

地球より小さい木星の衛星（注61）のほうが、地球よりよっぽど水を持っています。水の量だけを考えると、地球は「水の惑星」と大見得を切るのはどうかと思います。ただ、表面が液体の水に覆われた惑星と言う分にはよいでしょう。

その水ですが、地球の水の97%は海水。私たちが使える真水は3%だけです。

その3%のうち、7割は南極とグリーンランドにある氷で、残りの3割が地下水。

（注61）「氷衛星」と呼ばれるエウロパやガニメデの表面を覆う氷殻の下に液体の水の層（内部海）があると推察されていて、その量は地球にある液体の水の量よりずっと多いと推測されています。

地表水として川や湖になっているのは、もうほんの取るに足らない量でしかありません。私たちは、本当にわずかな水資源を分けあっているのです。

たとえば、私たちが使える淡水の湖沼や河川の水の約5分の1はシベリアのバイカル湖にあり、アフリカのタンガニーカ湖など、世界にある大きな湖のトップ5だけで50％以上を占めています。

淡水資源はごくわずかで、しかも限定的な場所にしか存在していません。インダス川の源流域（注62）では、カシミール地方の領土問題を巡ってインドとパキスタンが争っています。あの戦いの根本も、インダス川の源流域をどちらの国が押さえるかにあるといえるでしょう。まさに「我田引水」のような水を巡る紛争は、この先、激化していくはずです。

東南アジアで火種になりそうなのは、メコン川（注63）。大河であるメコン川の流域には7カ国が関わっています。その水資源の配分は、国連主導のメコン川委員会が調整を行っていますが、源流域の中国はメコン川委員会に入っていません。

もし、中国が源流域にダムを作り始めたら、中流、下流の国々はどう対処するのか。

（注62）インダス川は、インド亜大陸を流れる主要河川。チベット自治区のマナサロヴァル湖の近くのチベット高原から始まり、ジャンムー・カシミール州のラダックを通ります。

（注63）メコン川は、チベット高原に源流を発し、中国の雲南省を通り、ミャンマー・ラオス国境、タイ・ラオス国境、カンボジア・ベトナムを通り南シナ海に抜ける国際河川。

日本にいるとなかなか実感できませんが、国際河川や国際湖における水資源の保全・利用・分配などはとても厄介な問題なのです。

この先、世界の人口が増えていく間に、水を巡る争いが起きることは間違いないでしょう。それは「水の国」だと思われている日本も例外ではありません。全国どこでも、水道の蛇口をひねるだけで飲料水に困らない日本は、水資源に恵まれた国だと思われています。そして、その元は「雨」です。

ところが、その雨の〝降り方〟がこの頃、問題になってきました。たしかに日本に降る雨の量は他の国よりも多めで、年間降水量は平均で1700ミリ。世界平均の880ミリの2倍くらい多いです。広大な熱帯雨林アマゾンを擁するブラジルの年間降水量約1780ミリに匹敵しますが、あちらは日本の23倍も大きな国土面積があります。

一方、国土の狭い日本はせっかくの雨をストックすることができないという欠点を抱えています。実際、日本の年間の水資源量は4240億トンで、広大な国土を持つブラジルの年間水資源量は8兆2330億トン。大差のない降水量がありながら、蓄えられる水の量は大きく異なるわけです。

さらに、これを一人あたりの年間の水資源量で見てみると、日本は3337トンなのに対して、ブラジルは4万5039トン。一般的に先進国では一人当たり年間1000トンの水資源が必要だとされていますから、水不足に悩む国々に比べて両国の国民は恵まれています。が、日本については本当にそうでしょうか。

雨が降っても地下水が減り続ける日本

日本がこれからもずっと水に恵まれたラッキーな「水の国」であり続けるかどうか、私には疑問です。それは、最近、雨の降り方が変わってきているからです。いや、降水量の増減ではありません。日本の年間降水量は、この100年間あまり変わっていません。

ところが最近は「降れば大雨」というように雨の降り方が変わってきているのです。特にここ数年は〝百年に一度〟の異常豪雨が毎年のように発生していることは皆さんもご存知でしょう。異常が日常化してきたのです。

気象統計を眺めると、降水日数は減っているのに降水強度（豪雨の指標）は増しているることがわかります。つまり、たまにしか降らないけど「降れば大雨」、これでは地表が豪雨に叩かれて表土が流出してしまいます。せっかく農民が大切に作り守ってきた畑の土も失われてしまいます。

さらに懸念するのは、豪雨だとせっかく降った雨水が土に浸透する前に、地表を流れて川から海へ流れ去ってしまうことです。こうなると、地下に水が供給されなくなって地下水が枯れてしまいます。ふだんは気にしませんが、じつは、川の水の大部分は、どこからともなくジワーッと地表に浸みでてくる地下水がまかなっています。よく〝大河も初めは一滴〟と詩的に言いますが、あんな一滴が束になっても大河にはなりません。地下水です。でも、その地下水が枯れてしまうと、川も涸れます。

地下水を養うのは、しとしと降る慈雨です。ザバーッと降る豪雨では地下水が枯れるのです。この影響が数年後から数十年後に出てくることを私は懸念しています。

せっかく降った雨を貯めて地下水を養うものに「緑のダム」、すなわち森林があります。

まず誤解なきように申しますと、樹木が体内に水を貯めることが「緑のダム」なのではありません。樹木はむしろ「緑のストロー」だと私は言いたいです。なぜなら、樹木はせっかくの地下水をまるでストローのように吸い上げ、葉から蒸発させるからです（専門的には〝蒸散〟といいます）。

それでも森林は「緑のダム」だと考えられています。それはなぜでしょうか。

森林の地表には落ち葉があります。広葉樹の落ち葉でも、針葉樹の落ち葉でもよいです。この落ち葉の層そのものにも保水力がありますが、もっと大事なのは落ち葉が地表を守る「緩衝作用」です。地上の樹冠と地表の落ち葉が豊かなら、豪雨といえども地表を直接に叩くことはありません。雨は樹幹を伝って地面に向かい、落ち葉を介してジワーッと地表に達し、地中にゆっくり浸透する。これが地下水を養う「緑のダム」の本質です。

豪雨が増えてきている昨今、山々の森を守ることが地下水を守り、数年先から数十年先の水資源を守ることになります。今から将来を見据え、山に樹を植えて地下水を養うべきですね。

水不足の中で、いい人は死に絶える？

そんな日本の森には「みくまり（水分）神社」（注64）という神社がたくさんあり

（注64）水分神は流水を分配することをつかさどる神。この神を祀った神社は吉野水分神社、都祁水分神社など、全国各地にあり、かつては朝廷が豊年を祈請したといいます。

ます。

これは「水を配る」が語源となっていて、それがなまって「みくまり」になったといわれています。このみくまり神社には、水の配分に関わって紛争が起こらないように調整したり、争いが起こってしまったら仲介するなどの重要な役割がありました。

そして、不幸にして争いが起こり、血が流れたら、その人たちの御霊を鎮魂するという役割も担っていました。今ではあまり知られていませんが、日本中にみくまり神社があることから、そうとうひどい争いが各地であったに違いありません。

このような水をめぐる戦いが今後、世界各地で、しかも国対国で起ることでしょう。世界銀行の副総裁だった人が、20世紀の終わり頃、同じように「20世紀は石油を巡って戦争が起きた時代だったが21世紀は水を巡る戦争が起きかねない」と言っています。私は水をしっかり管理して紛争を防ぐとともに、人間の生物学的な本能に近い「暴力性」を正すなどして、そもそも争いが起きないようにすべきではと考えています。

争いをせずに、話し合い・助け合い・分かち合いで物事に取り組む人間。その理想型を私は「ホモ・パックス（平和な人）」と呼んでいます。私たち人間は進化しています。進化とは、ある意味変化です。どんどん変化して私たちの先祖と似ても似つかなくなっていったら、たぶん、ホモ・サピエンスとは呼ばれないでしょう。

進化した後の人類が「ホモ・パックス（平和な人）」であってくれればうれしい。でも、実際にはどんな性格の人たちが生き残れるかはとても疑問です。

ホモ・パックスは「いいひと」。今の世の中ではいいひとはみんな死んでしまって、生き残るのは悪い人ばかりだと思うのです。

マントル対流が地表から水を奪う

宇宙への移住を考えなければならない理由の1つとして、いずれ地球から水がなくなってしまうという問題があります。なぜ、なくなってしまうかというと、それは地球の内部にある仕組みと関係しています。

地震のニュースなどで、「何々プレートのずれが……」という表現があります。あれはマントル対流という地球内部の仕組みによって引き起こされるもの。マントルとは、地球の体積の83％、質量の67％を占める岩石で、固形の状態で存在します。そのマントルが地球の内部の熱の力によってゆっくりと動き、対流を作り出しているのです。

岩石であるマントルは億年単位で地球の中を回っており、その上に載っているプレート（地球の表面を構成する岩盤）も同じくゆっくりと動いています。これがプレートテクトニクスです。

と、ここまでが前段。では、なぜ、マントル対流によるプレートテクトニクスによって、地球の水がなくなってしまうのか。

地球のある場所でマントル対流によって内部から、マグマの固まった、からからに乾いた岩石が地表に顔を出します。具体的な例を挙げると太平洋の東側の海底。メキシコ沖や南米沖の海底に巨大な山脈（東太平洋海膨）があるのは、地球の内部から上がってきたマグマが顔を出し、海水で冷やされ、玄武岩となって固まるからです。これは新しくできた海底です。

この海底がプレートテクトニクスで西へ西へ移動していき、はるばる太平洋を渡って日本海溝など、プレートの重なり合うゾーンで地球の内部に返っていく。その際、周囲の岩盤と摩擦が生じてズレると大きな地震となるのは、ご存知のとおり。

問題は、からからに乾いていた玄武岩が2億年近くかけた長い旅の末に、少しずつ水分を吸って、ぶよぶよの状態になって地球の内部に返っていくこと。

また、移動の間に玄武岩の岩盤の上には泥や生物の遺骸なども積み重なっていきます。

できたばかりのメキシコ沖や南米沖の海底では泥の層はまだ薄いですが、約2億年かけて日本海溝に到達する頃には2000メートルほどの厚さになっています。すると、重みを増した泥の底の方が岩になる。これを私たち科学者は「ソフトロック」と呼び、その下のマグマが固まった玄武岩の層を「ハードロック」と呼んでいます。

つまり、日本海溝から地球の内部に沈み込んでいく時には、水を吸ったハードロックはもちろん、水分たっぷりの泥やソフトロックまでも全部が地球の内部に回帰するわけです。いわば、たぷたぷに水を染み込ませたスポンジをまるごと地球の内部に捨ててしまうようなもの。マントルの熱い岩石が水を〝吸って〟いわゆる「結合水」にしてしまうので、液体の水は消えてしまいます。

仮にマントル対流が2億年でひとサイクルと考えると、地球の海が今の状態に安定してから、すでに何周もしているわけです。その分、地球の表面を包んでいる液体の水は、その量を減らしている。これが地球から水がなくなっていくという仕組みです。

地球から水がなくなる日

しかも、地球内部に入ってしまった水は岩石中の結合水になるので、なかなか地表には戻ってきません。かつて地球がまだ若かった頃は、いまよりも内部が熱く、火山活動が活発でした。そうすると、火山が噴火する度に地球内部の水は水蒸気となって表面に帰ってきていたのです。

でも、地球は46億年前の誕生からじわじわと冷え続けています。今も熱源はありますが、それは鍋で煮込みを作った後、火を切っても余熱で温かいのと同じ状態。一応、ウラン、トリウム、カリウムなどの放射性元素が崩壊を繰り返し、熱を放出し続けてはいます。

それで、地球は内部から温められ、凍りつかない仕組みになっている。しかし、地球誕生から約46億年経った今、地球内部にあるウランの量は半減。地球を温める熱源は徐々に低下しています。

もはや、かつてのような活発な火山活動は起きず、水が水蒸気として地球の表層に戻ってくることも少なくなっています。

これが続けば、すべての海水が地下深くに没することでしょう。惑星の寿命に直結した運命の大きな流れです。これは、私たち人間の手ではどうにもできず、あと6億年から7億年で地球表面の水はなくなるといわれています。

当然、水がなくなると地表は徐々に砂漠化。植物は死滅し、光合成による二酸化炭素の吸収も途絶え、地球は二酸化炭素の多い火星のようになってしまい、人の住めない星になります。


何か防ぐ手立てはないものかと考えた時、今の科学技術の延長線上でできることは、小型の彗星を地球にぶつけることくらいでしょうか。かつて地球に水をデリバリーしてくれた「氷天体」である彗星を、衝突ではなく、人の手によってゆっくりと地球に連れてくることでしょうか。具体的にどうやってそれを実現するかは別にして、もともと乾いていた地球に〝湿り気〟をくれた彗星に、再び救いを求めるというわけです。

温暖化の先に氷期がやって来る！

ゲリラ豪雨、竜巻は気候変動の兆し

何億年というマントル対流の時間軸よりも、もっと身近に迫る地球の危機があります。それは寒冷化。現在、地球は気候が変動し、温暖化に向かっていると言われています。しかし、さらに大きな流れに目を向けると、温暖化の先にあるのは寒冷化。よく氷河期と言われますが、正しくいうと「氷期」です（注65）。これは必ずやってきます。問題は、「いつくるのか」です。地球温暖化を懸念しているＩＰＣＣ（注66）の人たちは、過去70〜80万年間の気象変動のサイクルに基づき、「２万年か、３万年後に氷期がくる」と言っています。

一方、ある気象学者は「産業革命以来、われわれが二酸化炭素を排出したおかげで、

（注65）氷河期とは、地球の表面に大きな氷河（氷床）がある時代のこと。南半球では約3000万年前から、北半球でも約300万年前から氷河期に入っています。

（注66）気候変動に関する政府間パネル（英：Intergovernmental Panel on Climate Change、略：IPCC）とは、国際的な専門家で作る、地球温暖化についての科学的な研究の収集、整理のための組織。

氷期の始まりが2～3万年後になった。もし二酸化炭素を排出していなかったら、1500年後に氷期が始まっていただろう」と語っています。1500年後は2～3万年に比べるとかなり身近で、少しヒヤッとしますね。

氷期は寒冷で氷床が拡大する時代のこと。逆に、氷期ではない、寒くない時期のことを間氷期と言います（注67）。2万年か、3万年後に氷期が来るという予測は、今の間氷期が過去何番目かの間氷期とまるでカット・アンド・ペーストしたかのようにそっくりだというところからきています。

ところが、別の気象学者は「もうすぐ氷期が来るぞ」と主張しています。

では、そのもうすぐはいつなのか。近いうちにそこまで急激で大規模な気候変動が起きる可能性はあるのでしょうか（注68）。

気候の専門家の多くは数十年以内に本格的な氷期が来ることはないと考えています。しかし、突然の劇的な気候変動は過去に何度も起きており、これが再び起きる可能性はあります。地球環境は複雑なバランスで成り立っていますから、環境が変化する時は単にずっと寒くなるのではなく、寒くなると反動で暑くなるというように、振り子のような揺れ動きがあるはずです。

（注67）地球は10万年間の氷河期と、1万年間の温暖な間氷期をくり返してきました。今、私たちが生きる現在は間氷期の終わりで、もしかしたら、次の氷期の入り口、まさにその気候システムが大転換する過渡期にさしかかっているのかもしれません。

（注68）ハリウッドの災害パニック映画『デイ・アフター・トゥモロー』では、巨大な雹が東京に降り注ぎ、竜巻がカリフォルニアを襲い、北米に暮らす何百万もの人々は温暖なメキシコに逃れ、凍てつくニューヨークに残された人々にはオオカミが忍び寄るという世界が描かれました。

しかも、環境が変化している時は、その揺れ幅が大きくなっていきます。夏は極端に暑くなり、冬はものすごく寒くなるというように寒暖の差が激しくなったら地球環境が安定期から次のステージへ行く移行期に入った現れだと見ていいでしょう。

すでにその徴候らしきものはちらちらと現れています。前述したように、日本の年間平均降水量は約１７００ミリメートルで、この数字は１００年間ほとんど変わっていません。ところが、ここ数年、雨が降る日は減っているのです。

どういうことかというと、一度に降る雨の量が増えている。あなたもここ最近、ゲリラ豪雨や集中豪雨、竜巻の発生といったニュースを聞いたことがあるはずです。こうした極端に激しい気候現象は環境変化の現れなのだと思います。

氷期を先取りしたプログラムが必要になった

急激な気候変動は非常に深刻な状況を招きます。というのも、急変した気候がそのまま数百年あるいは数千年も続くことがあるからです。

今いる私たち人間は「さまざまな予測を立てて、備えをすることによって生き延びた者」の子孫です。何かを予測するのにどうせ根拠がないなら、悲観的な予測をした方が、いろんな備えをするので生存可能性は高まります。私は警鐘をさかんに鳴らす意味で、いろんなところで「急激な気候変動は危ないぞ、危険だぞ」と言っています。

氷期の到来で、私がいちばん心配しているのは文明の興亡です。私たちの文明は今から5000年ほど前に誕生しましたが、まだ氷期に出くわしたことがありません。氷期を知らないこの文明は、果たして大丈夫でしょうか。

氷期が始まってからじゃ、間に合いません。それが、小心者の私の意見です。寒くなれば、育つ植物が激減します（注69）。人口レベルは自然と落ちていくことでしょう。そんな環境の中で、どのくらいの人口なら生き延びられるか。科学者は全力で答えを導き出すべきです。そして、その氷期でも生存可能な人口を維持していく方法、その人たちが持続可能的に次の氷期の10万年間を食いつなぐための方法を考える必要があります。今、地球には71億人の人がいますが、いきなり人口が減ると、パニックや戦争などが起こり、餓死も含めて悲惨な死があふれるに違いありません。

（注69）気候が変われば、ウクライナやカナダ、アメリカ中西部といった穀倉地帯で穀物が取れなくなります。もしかしたら、今の中近東で穀物が取れるようになるかもしれません。そうしたら、私たちが親しんでいる西欧文化は弱まり、なくなるかもしれません。

本格スタートしている火星有人探査計画

遠すぎる第2の地球よりも身近な火星

地球以外のどこかに私たちが暮らせる場所を見つけ出す。21世紀は、その準備だけでも着々と進めておくべき時期だと思います。それこそ、ガンダムのようなスペースコロニー時代がすぐにやってくれればうれしいですが、私たちの現状の科学力では〝距離〟の問題が大きく立ちはだかります。

ワープもコールドスリープ（注70）もSFの世界の技術ですから、生きているうちにたどり着ける距離に新天地がなければどうしようもないでしょう。

たとえば、前章で紹介した探査機のボイジャー1号は現在、太陽から約187億キロ付近を時速約6万キロの速度で飛行中。地球と太陽の距離の100倍以上も遠くの宇宙に到達していますが、そこにたどり着くまでにかかった年月は36年です。地球か

（注70）人体を低温状態に保ち、時間の経過による老化を防ぐこと。いわゆる冬眠のようなもの。

らボイジャーまでの距離を光年に直すと、０・００２光年。

一方、地球にいちばん近いとされる恒星アルファ・ケンタウリ（ケンタウルス座アルファ星）は４・26光年離れています。

４・26光年÷０・００２光年＝２１３０倍
36年×２１３０倍＝７万６６８０年

今、私たちの技術力の粋を集めたいちばん速い飛翔体は、先ほどのボイジャー1号です。その速さは秒速18キロほど。人を乗せた実績のある飛翔体では、スペースシャトルが秒速10キロです。

これでは、太陽系の外に「第2の地球」となりうる惑星が見つかったとしても、事実上、私たちが到達するのは難しい。では、行き来できる距離にスペースコロニーを建設するというプランはどうでしょう。

現在、ＩＳＳ（国際宇宙ステーション）が無事に稼働していることからも、スペースコロニーを作る技術は、ワープやコールドスリープを開発するよりも現実的です。内部で農業や畜産業を行うことや資源の循環による自給自足もある程度は可能でしょう。ただし、収容している人口の衣食住を賄うには不足するはずですから、生活物資は常に補給を受けなければいけません。

となると、地球そのものに何か大事が起きた時には、スペースコロニーにも影響が及びます。永続的に安心して暮らせる場所としては、物足りないというのが正直なところです。

そこで、身近な第2の地球候補として浮上してくるのが、火星。火星で誕生した生命が彗星とともに地球に飛来したというパンスペルミア説の一種を思い出せば、まさに里帰りともいえる選択肢です。

月の次に多くの探査機が送り込まれた星

火星の何がいいかといえば、第一に距離がいい。私たちが今持っている技術でも1年足らずで到達します。第二に地球の100分の1弱と薄いながらも大気があり、南極と北極に氷（とドライアイス）があり、地下にも氷ないし水がある。火星は月の次にたくさんの探査機を送り込んだ惑星ですから、すでにさまざまなデータの蓄積があります。

ＮＡＳＡは、１９６０年代からのマリナー計画を遂行。探査機マリナーは３号から９号まで打ち上げられ、火星の表面写真を撮影しました。続く１９７０年代にはバイキング計画によって、バイキング1号、2号が火星に着陸。１９９２年には18年ぶりに火星探査機マーズ・オブザーバーを打ち上げ（注71）、その後も約3年ごとに火星探査機を火星に送り込んでいます。

現在は２０１２年に火星に着陸した愛称「キュリオシティ」こと、マーズ・サイエンス・ラボラトリーが火星の表面を移動しながら探査中。過去の火星の表面に水があった証拠写真の撮影や地表の岩に穴を開け、岩石サンプルの分析に成功したのは前述のとおりです。

こうしたデータが豊富に蓄積した「地球型惑星」が手近にある分、はるか遠い太陽系外惑星に新天地を見出すよりも、現実的にプランを練ることができるわけです。

実際、アメリカは本気で地球の未来のことを考え、オバマ大統領は２０１０年4月、ＮＡＳＡのケネディ宇宙センターで演説し、２０３０年代半ばまでに宇宙飛行士を火

（注71）マーズ・オブザーバーは火星周回軌道に入る3日前に通信が途絶え、行方不明になりました。

星の軌道に送り込む目標を掲げた新宇宙政策（注72）を公表しています。

この計画には、人類初となる火星への着陸も盛り込まれ、その先にある火星への移住の可能性についても真剣に検討されているはずです。

しかし、2030年代半ばというのが仮に「火星大接近」の2035年ごろだとすれば、私は74歳。後期高齢者すれすれの微妙な年齢になっています。どこでもいいから、もっと早く実現してくれないだろうかと探してみると、じつはアメリカ政府の宇宙政策よりも先に火星に行ってしまおうという計画がみつかりました。

それも1つや2つではなく、いくつも。21世紀は、本当にワクワクする時代になってきましたね。


そのうち代表的なものを紹介しましょう。まずはアメリカの「レッド・ドラゴン」計画から。これはオバマ大統領のゴーサインとは別に、NASAがアメリカの宇宙輸送会社「スペース・エクスプロレーション・テクノロジーズ」、通称「スペースX」社と組んだもの。2018年の打ち上げを予定した計画で、スペースX社が開発中のロケット「ファルコン・ヘビー」と、同社のすでに実績のある宇宙船「ドラゴン」を組み合わせて、火星、すなわちレッド・プラネット（赤い惑星）を目指します。

（注72）小惑星の有人探査も含まれています。

ファルコン・ヘビーで乗組員2名が火星を接近通過し、着陸はせずに地球へと帰還するというレッド・ドラゴン計画を強力に推し進めているのは、初の「宇宙旅行者」として有名なアメリカ人実業家で大富豪のデニス・チトー氏。彼は、2013年2月、NPO「インスピレーション・マーズ財団」を設立。すでに具体的な日程も設定されており、2018年1月5日に打ち上げ、同年8月20日に火星へ接近通過、火星に着陸することなく飛行を続け、2019年5月21日に地球帰還する501日間の飛行になるそうです。

ただし、日本人の私としては残念な限りですが、2名の乗組員はアメリカ国籍所有者であることとされています。

地球外移住の先駆者になれるチャンス

これに対して、あくまでも火星への有人着陸にこだわるのが「マーズ・ワン」です。その究極の目的は、人類の火星移住。計画では、2016年までに通信のリレーを行う火星周回機と無人着陸機を送るなどの準備期間を経て、2025年に4名の隊員が着陸。使用する機材は、スペースX社のロケット、ファルコン・ヘビーと宇宙船カプセルであるドラゴンの改造版となる予定です。

最初の2名が着陸以降は、2年置きに4名ずつが新たに着陸し、2033年に移住者の総勢は20名とするというもの。しかも、マーズ・ワンのすごいところは、彼ら火星への移住者は地球に帰還しない、という点です。

火星に住んで、火星で死ぬ。この大胆な片道切符のミッションを計画しているNPOマーズ・ワンの代表者は、工学系の修士号をもつオランダ人のバス・ランスドルプ氏、36歳。自分で興した会社を売却して、マーズ・ワンに人生の一部を賭けている人物です。じつは、私もマーズ・ワンの公式アドバイザーの一員として、ランスドルプさんを応援しています。

マーズ・ワンは2013年、火星移住の希望者の正式募集を開始（注73）。同時に、宇宙での環境制御・生命維持システム（ECLSS）で実績のあるアメリカのパラゴン・スペース・デベロップメント社とも契約。ECLSSと宇宙服の開発にも踏み出しています。無謀な挑戦として批判もありますが、選抜された候補者は最短で8年の訓練を受け、火星に向かう段取り。火星移住の先駆者となるチャンスは私にも、皆さんにも開かれている。そう考えると、ワクワクしてきませんか？

（注73）すでに2万人を越える応募が集まっています。

地球に似た環境に変貌させるテラフォーミング

火星への有人探査計画並びに移住計画が、壮大な実験の始まりだとして、次のステップに進むにはどんな問題が待っているのでしょうか。たとえば、火星ではしばしば、全球をおおうような砂嵐が発生し、それが数カ月も続くことがあります。

その間、地球から火星を見ると、全体が霞んで地表が確認できないほど。こういう時の火星は昼でも薄暗く、濃霧に包まれたように視界がなくなっているはずです。しかも、局所的ではなく、火星全球に起こるのですから、私たちが移り住んだ時に受ける影響は小さくないでしょう。

そして、なにより大気の問題があります。火星には大気があるといっても、気圧は地球の100分の1以下と低く、主成分は二酸化炭素です。宇宙服などを着て体を保護していなければ1分も持たず命を失うことになります。気温は時期と場所によりマイナス130℃からプラス20℃まで幅があり、平均気温はマイナス55℃と低温。火星の表面は北半球と南半球とでは異なり、北半球にはなだらかな平原が広がり、南半球にはクレーターの多い高地やかつての火山地帯（注74）が広がっています。

そんな火星を私たちが暮らしやすい星にするためには、地球に似た環境へと変貌させる「テラフォーミング」が必要です。

最初に取り組むべきは、火星の大気を変えること。生物が暮らしていける環境への第一歩として、惑星を守る大気を厚くし、気温を上げるような働きかけが必要です。

そのための材料となるのが、火星の南極と北極にある氷。あれは水の氷とドライアイス、すなわち二酸化炭素が混ざったものです。これをなんらかの方法によって、熱してガス化させる。具体的には、キュリオシティにも搭載されている「放射性同位体熱電気転換器」（略称ＲＴＧ）を使うような方向性のアイデアが検討されるでしょう。

ＲＴＧは熱エネルギーを直接、電気エネルギーに変換するもので、熱源には長期にわたり安定して発熱する放射性同位元素（Ｒ１）を利用。Ｒ１の発する熱によって、南極と北極にある氷を溶かすわけです。というのがシンプルなアイデアですが、実際にはそんなにたくさんのＲ１を用意するのは大変なので現実的ではありません。

むしろ、原子力や太陽熱を使ったほうが手早く実現可能かもしれません。いずれにせよ、ドライアイスを加熱すれば、火星の大気圧が上昇します。しかも、大気の二酸

（注74）例えば、太陽系で最も高い火山であるオリンポス山は高さ約25キロ、また赤道付近の巨大な谷間、マリネリス峡谷は長さ約4000キロ、深さ5〜10キロにもおよび太陽系最大の渓谷といわれています。

化炭素濃度はぐんと高まるので、温室効果がガンガン効いてきて、平均気温はマイナス55℃という火星がじわじわと温まります。

その結果、あの赤茶けた砂の下にあるとされる水の氷、永久凍土が溶け出し、湖となり、川となり、水資源が手に入るだけでなく、水蒸気によって大気が濃くなるので気温の上下動もいまよりはるかに小さなものとなっていくはずです。

二酸化炭素は光合成の材料になります。そこで、氷が溶けてできた海や池に光合成する微生物シアノバクテリアを送り込む。地球の南極や北極にもシアノバクテリアは豊富にいますから、極地環境への適応は問題ありません。

そして、シアノバクテリアにとって火星はデンプンやセルロースを作るための原料、すなわち二酸化炭素が豊富な場所です。次々、二酸化炭素を取り込み、独立栄養的にブドウ糖やデンプンを作り出し、大気中に酸素を吐き出す。これをくり返すうち火星の大気中にも酸素が充満していきます。

これは火星の大気にとても大切なことで、ドライアイス状の氷を溶かした後、二酸化炭素の濃度だけが高くなると、温室効果が効きすぎ、いわゆる「暴走温室効果」になりかねません。

だからこそ、二酸化炭素は、火星がほどよく温まってきたところで、減っていくのが理想的。そんなタイミングで地球からシアノバクテリアを運び込めば、酸素も増え、温室効果も適度なものになり、ちょうどいい按配になるように計画するのです。その後どれほどの時間がかかるかはわかりませんが、火星の大気は地球に近い組成になっていけばいい。これが火星の地球化、テラフォーミングの大まかな流れになります。

火星は私たちにとって住みやすい星となる

ある程度、酸素が増えてくれれば人間がマスクなしで生きていくこともできるので、大量移住も可能になります。それまではマーズ・ワンの先発隊のような勇気ある人々ががんばるしかありません。

もちろん、スペースコロニーと同じく生活物資の問題はあります。しかし、そこにある物質の絶対量がスペースコロニーとは違いますから、火星の上にあるものを循環させることで、数億人ほどの人間は十分に暮らしていけるはずです。

また、火星には地球の3分の1ながら重力があります。これは地球の重力の6分の1しかない月面よりもはるかにマシです。なぜなら、重力が小さいと人間の骨がもろくなってしまうからです。重力がないと人は筋肉を使いません。あれだけ身体能力の優れた宇宙飛行士も無重力空間で何カ月もの任務に就き、地球に戻ってきた時には全身の筋力が衰えているくらいですから、私たちにとって重力のある方が暮らしやすいことは確実です。

そして、自転に関しても火星の1日は24時間39分35秒で、地球の1日である23時間56分4秒とほぼ同じ長さ。昼夜のリズムも変わらず、火星の1年（地球の約2年）には四季もあるので、テラフォーミングが完了した時にはかなり住みやすい惑星となってくれることでしょう。

〝エレベーター〟から丸い地球を眺める時代
エレベーターに乗るだけで、宇宙に行ける

火星移住実現までのつなぎの技術というわけではないですが、宇宙時代の新しい暮

開けとなりそうな宇宙エレベーターというアイデアもあります。イメージは童話の「ジャックと豆の木」。お話の中では、ジャックが庭に埋めた豆のつるはぐんぐん天まで伸びて、雲の上にある巨人の家につながりました。

いわば、この豆のつるを宇宙まで伸ばしてしまおうというのが、宇宙エレベーターです。実際には、地上から天に向かうというより、天から地上に降りてくるのですが（詳しくは後述します）。かつては完全なフィクションの話として扱われていたアイデアでしたが、21世紀に入り、理論的には十分可能なことが裏付けられ、今後の技術発展によっては実現に手が届く域に達しつつあります。

最大のメリットは、リスクが大きく軽減されること。現在の宇宙開発の主役であるロケットには打ち上げ時の爆発、飛行時の墜落といった危険が伴いますが、宇宙エレベーターは基本的に私たちが普段使っているエレベーターと同じように定められたルートを上下に移動するだけなので、低コストで低リスク、大気汚染の心配もありません。

この未来の豆のつるが実用化されれば、ロケットに依存していた宇宙開発は大きく変わります。なにより、訓練を受けた宇宙飛行士でない私たちもエレベーターに乗るだけで宇宙を訪れることができるなんて、すばらしいじゃないですか。

そして、この宇宙エレベーターで中心的な役割を担うのは、静止軌道衛星です。だから別名「軌道エレベーター」ともいいます。

静止軌道衛星とは、24時間で地球を1周する衛星のこと。地球を周る人工衛星は、地球の重力で下（内側）へ引っ張られている力と、遠心力で上（外側）に飛び出そうとする力が一致して釣り合っているため、高度を維持して周回し続けています。

その中でも、赤道上の高度約3万6000キロを周る人工衛星は地球の自転と同じ速度で動いているため、地上から見ると天空の一点に止まっているように見え、静止軌道衛星と呼ばれるのです。そこから、地上に向けてケーブルを垂らしていきます。ただし、ケーブルを吊り下げた分、衛星の地球に向いている側、下の方がやや重くなり、このままでは徐々に重力に引かれて落下してしまいます。

そこで、反対側にも「重力と遠心力がつり合う」分だけケーブルを伸ばしてバランスをとっていく。これで、衛星は静止軌道の高度を維持して回り続けられます。その後、再び下向きのケーブルを地上に垂らし、重さの偏りを調整するために反対側も伸ばす。これをくり返していくと、下向きのケーブルは地上に到達。しっかりと固定してエレベーターの基地とすれば、宇宙と地上を結ぶ1本の紐のできあがりです。

このケーブルに人や物資を載せる〝箱〟（昇降機、いわゆるエレベーターの本体）を取り付け、地上から宇宙に、宇宙から地上に人間や貨物を運搬。ただし、この箱はケーブルで引っ張って上げ下げするのではなく、自分でケーブルを昇り降りします。

もし高度3万6000キロの静止軌道まで行くとすると、これはＩＳＳ（国際宇宙ステーション）までの距離の約100倍。月までの距離の約10分の1です。国際航空連盟（ＦＡＩ）によって、「高度100キロメートル（カーマン・ライン）より上は宇宙である」と線引きされているので、宇宙エレベーターの行き先は間違いなく宇宙です。

そこから見える地球は、宇宙ステーションから見える「弧状の地平線」ではなく、気象衛星などが映し出す「丸い地球」であるはずです。

7日間で高度9万6000キロに到達

この宇宙エレベーターがＳＦ小説的なアイデアから実現可能なプランへと大きく変わったのは、1991年に鋼鉄の約20倍の強度を持つ「カーボンナノチューブ」というケーブル素材が発見された時からです。

その後、カーボンナノチューブをさらに圧縮し、ダイヤモンド並みに硬い「超硬度ナノチューブ」という新素材も登場。これを使えば、高度3万6000キロから下ろしたケーブルが自重で切断することがないし、ケーブルを昇り降りするエレベーター本体の重さにも十分耐えられると考えられています。


じつはこのカーボンナノチューブを発見したのは日本人の研究者で、宇宙エレベーターの技術開発でも世界をリードしています。たとえば、大手ゼネコンの大林組は2050年までに宇宙エレベーターを往復させる構想を発表。30人乗りのエレベーターを地球と月の間の距離の4分の1に相当する、高度9万6000キロに送り出すとしています。エレベーターの時速200キロ、高度9万6000キロには7日間で到達する計算です。しかも、この構想は限られた人向けではなく、観光客も高度3万6000キロに設置するターミナル駅まで行けるよう計画されています。

もうすっかり宇宙に行ける気になってきましたが、当然、乗り越えなければいけない問題もあります。代表的なのは放射線です。地上から2000～2万キロの高さのところにはヴァン・アレン帯（注75）という放射線帯があり、地球の磁場にとらえら

（注75）ＩＳＳ（国際宇宙ステーション）が、地上400キロの上空に浮かんでいるのも、放射線の影響を避けるため。これ以上、高度を上げるとヴァン・アレン帯ほどではないものの、放射線が強くなり、宇宙飛行士が長期間滞在できない。人類が宇宙で普通に生活すること。それ自体がＩＳＳにとって重要なミッションなのです。

れた宇宙由来の放射線が溜まっています。そのため、放射線濃度が高く、人体に強い影響があると考えられています。

このヴァン・アレン帯を無事に抜けるために必要な秒速10キロ以上のエレベーターを作るか、あるいは放射線を遮る分厚い壁を持った（すなわち重たい）エレベーターを作るか。さらに人工衛星やすぐ後に述べるスペースデブリ（宇宙ゴミ）との衝突回避など、他にもいろいろな課題があります。宇宙エレベーターの実現には、さらなる技術革新が必要です。

宇宙エレベーター実現を邪魔する意外な問題点

宇宙エレベーターにかかる期待は、私たちを手軽に宇宙へ連れて行ってくれることだけではありません。たとえば、有人火星探査や火星移住の計画を進める際、物流の中継基地としての役割を担うことができます。

現在、宇宙空間に物資や人間を運ぶ手段として使われているロケットには、さまざまな問題があります。環境に絡めていえば、固体燃料ロケットが出す塩素ガスはオゾン層と化学反応を起こし、オゾン層を減少させる恐れが指摘されています。

　また、ロケットは多量の燃料を消費して大気圏を脱出するため、輸送船と考えた場合、非常に効率の悪い乗り物です。高速道路を行き交うトレーラーをイメージしていただくと運転席のスペースだけが荷物を積むカーゴスペースになっていて、本来なら荷物を積む広い空間には燃料と燃料剤（酸化剤）が満載されていると思えば伝わるでしょうか。ロケットが運べるペイロード（積載重量）は、打ち上げ時の重量の１％以下。これは「いざ本格的な宇宙開発だ！」となった時、費用対効果（注76）が低すぎます。

　その点、宇宙エレベーターは、エレベーター部分が昇った時に使ったエネルギーを降りる際には位置エネルギーとして利用することができます。加えて、太陽光発電などと組み合わせれば、外部からのエネルギー供給も可能。ロケットに比べてはるかに効率良く、人や物資を宇宙に運ぶことができるわけです。

　ならば、有人火星探査や火星移住計画を実現するためにも、一刻も早く建設を始めてもらいたいもの。しかし、前述した放射線対策の新素材開発の他、もうひとつ大変やっかいな問題があります。それは、宇宙のゴミ問題。スペースデブリ（注77）です。

（注76）宇宙エレベーターの建設に必要なコストは1兆円と推計されています。ロケットとは異なり、ロケット燃料等の準備が不要で20トンほどの貨物を頻繁に上昇させることが可能で、仮に年間50回ほど運用したとすると、1キロあたり1万円。年間100回だと5000円までのコストダウンができます。人ひとりと考えると、だいたいファーストクラスで太平洋を横断するのと同じくらいになってきます。

（注77）デブリの話はマンガ『宇宙兄弟』小山宇哉（講談社）にも出てきますが、『プラネテス』幸村誠（講談社）にも詳しく描かれています。おもしろいので、ぜひ読んでみてください。

最近も日本の国産ロケット、イプシロンの打ち上げ成功が大きなニュースになりましたが、人類は1957年のスプートニク号以来、7000回以上もロケットを打ち上げてきました。幾多の人工衛星が地球の周回軌道上に浮かぶだけでなく、打ち上げの度に出るロケットエンジンの廃棄物などが宇宙空間に取り残されます。

また、運用を終えた人工衛星やそれを格納していたフェアリングなども回収されることなく、そのまま。その他、不幸にも爆発した人工衛星や衝突したロケットの破片など、たくさんのものがゴミ＝スペースデブリとなって、地球の周りを回っているのです。その数はどの程度かというと、試算では打ち上げ回数の数倍から数十倍。具体的には、5センチほどの大きさのもので約2万個、1センチくらいの破片を含めると30万個以上にもなると言います。

２００７年には中国が、老朽化した人工衛星をミサイルで破壊したことで数えられただけでも２４８１個のデブリが発生。しかも、宇宙を漂うデブリ同士がぶつかった場合、さらにたくさんの破砕片が生じるわけで、デブリがデブリを生み、ネズミ算式に増え続ける。このことを提唱者の名にちなんで「ケスラー・シンドローム」と言いますが、そのうち、地球の周りは本当にデブリで囲まれてしまうかもしれません。

地球が「宇宙の孤島」にならないために

スペースデブリが地球を取り巻くことで景観が悪くなるだけならば、将来的に取り除けばいいかもしれません。しかし、スペースデブリは秒速8～9キロメートル（注78）という猛スピードで移動しているからやっかいです。もし、運用中の人工衛星にぶつかった場合、重要な情報が地球に届かなくなるかもしれません。

あるいは、宇宙飛行士が生活しているＩＳＳ（国際宇宙ステーション）と衝突したら……。1センチサイズの小さなデブリであれば、表面にかすり傷が付く程度で済みます。けれども、10センチサイズの大きなデブリになると致命的なダメージを受け、人命にかかわるような事故につながりかねません。

事実、ＩＳＳは過去にも大きなデブリを回避するため、軌道の変更をよぎなくされています。ただし、ＩＳＳ自身は移動手段を持っていないので、ドッキングしている無人補給機のブースターを使って移動している状況です。

（注78）ピストルの銃弾の速度は秒速数百メートル以下。過去には実際にフランス軍事衛星セリーズに宇宙ゴミが衝突（１９９６年）、衛星電話のためのアメリカのイリジウム衛星とロシア軍事衛星が直接ぶつかる（２００９年）という事故も起きています。

現在、国家間を越えたスペースガード（注79）という組織が10センチ以上の大きなデブリに関しては、その軌道を調べて監視する体制を整えていますが、これはあくまでも対症療法的に危機を回避するためのもの。デブリ問題を根本的に解消していくには、積極的に回収する方法を考えなければいけません。

このままではロケットの打ち上げの度に、「何月何日の何時何分何秒にどこそこの方角にどれくらいの速度で打ち上げたら、デブリとデブリの隙間をぬって宇宙へ飛び出せる」というような計画を立てなければいけない状況にもなるでしょう。

しかも、デブリは、宇宙エレベーターにとっても大きな脅威になります。軌道上のカーボンナノチューブはもちろん、宇宙エレベーターの基地もＩＳＳと同じく、移動手段を持ちません。となると、デブリの数が増えれば増えるほど、衝突の危険度は増していくはずです。

デブリの回収には多額の費用と国家間の協力が必要になりますが、人類が新しい宇宙時代を迎えるために避けては通ることのできないひっ迫した問題なのです。さもないと、地球を取り巻くデブリが増え続けることで、いずれロケットの打ち上げもできなくなり、地球が宇宙から断絶されてしまう、すなわち、地球が「宇宙の孤島」になってしまいかねません。

（注79）１９９２年、ＮＡＳＡ報告書がスペースガードの必要性を説き、国際天文学連合での議論にもとづいて１９９６年に「スペースガード財団」が設立されました。日本でも１９９６年に「日本スペースガード協会」（１９９９年からＮＰＯ法人）が発足。

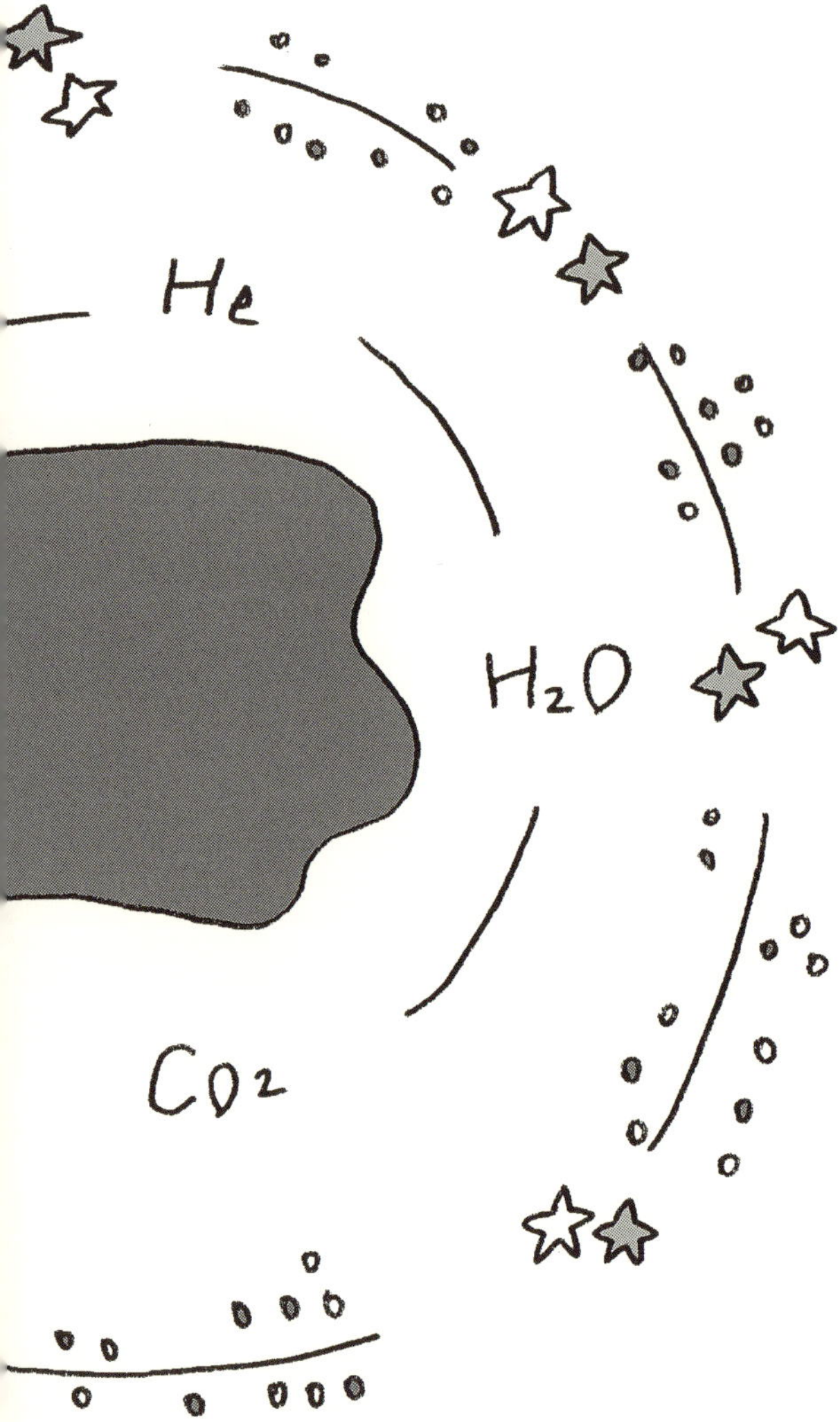
He
H2O
CO2

第5章

最後、宇宙は鉄になる

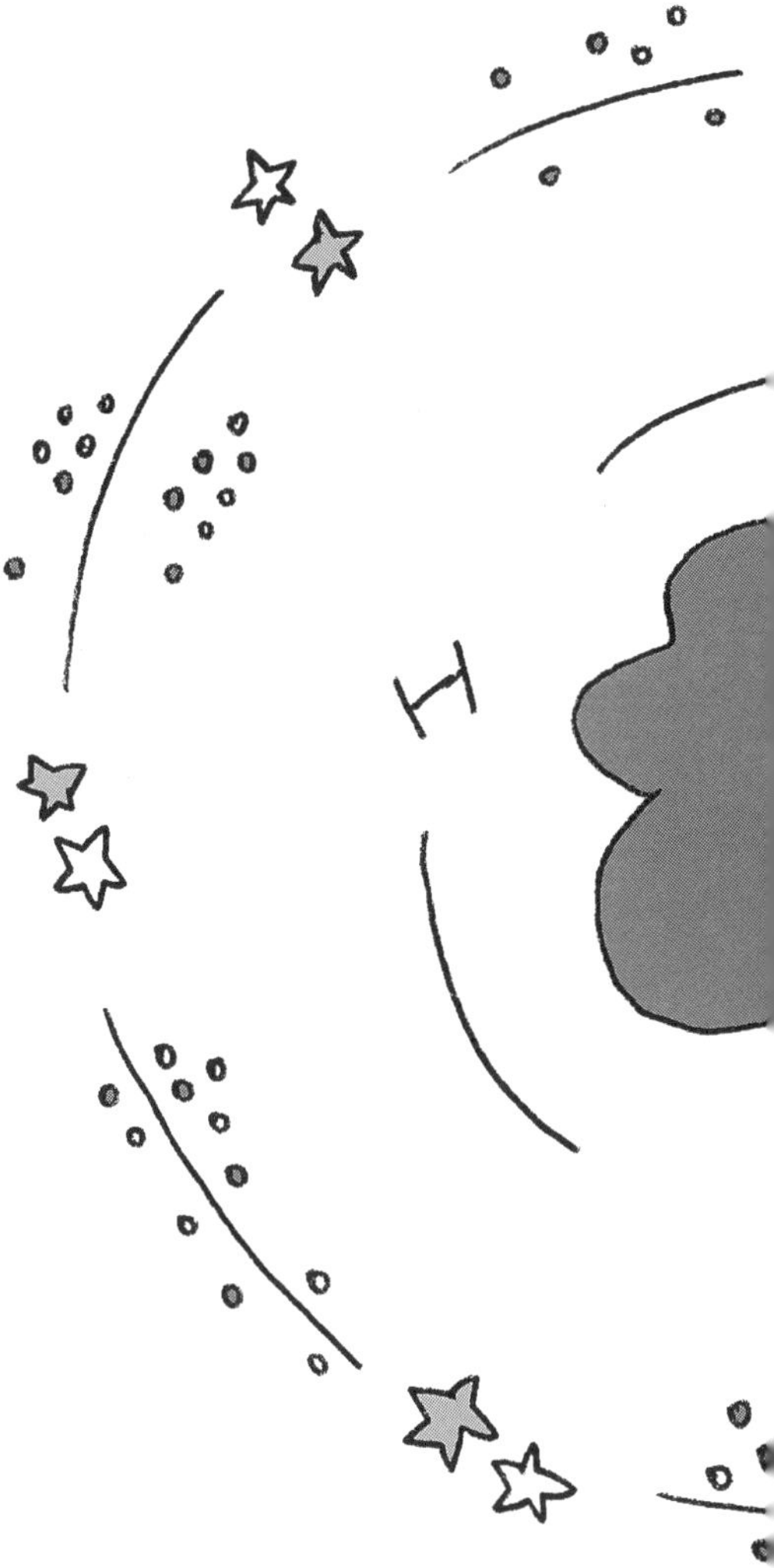

周期表には宇宙がある

鉄は星の中で作られる

この宇宙は何のために存在するのだろうか……。皆さんはこんな疑問について考えたことがありますか？　私にとってこの疑問は、幼稚園の砂場で直感した「自分はどこから来て、どこへ行くのか」という問題と密接に関わっています。

辺境で生きる微生物を調べる辺境生物学が「どこから来て」を探る実践ならば、「どこへ行くのか」についての探求の行く先は「鉄」にあります。

なぜなら、宇宙は鉄を作るために存在する可能性が高いからです。

宇宙の始まりにはインフレーション（注80）があり、ビッグバンがありました。その時、最初に作られたのが水素とヘリウム。始まりの宇宙には、実質的にこの2つの

（注80）宇宙誕生直後、10のマイナス37乗秒後からマイナス35乗秒後の頃に、宇宙が指数関数的に膨張したとする説。インフレーション説では、このごくわずかな間に、宇宙は一気に10の43乗倍の大きさに広がったと考えます。

元素しかありませんでした。中学校か高校で習う元素の周期表のはじめのほう、「スイヘイリーベボクノフネ」（水兵リーベ僕の船）のうちのスイヘイ（H、Heすなわち水素とヘリウム）ですね。鉄は宇宙に存在しないものだったのです。

では、鉄はどこで作られたのか。それは自分で輝く星、恒星の内部です。生まれたばかりの星は水素とヘリウムでできていますが、時間がたち、核融合反応が進むにつれて、炭素、酸素、ネオン、マグネシウムといった元素がどんどんと作られていきます。

いわば、恒星は元素を作るマシンのようなもの。酸素、水素、ヘリウム、炭素、窒素といった元素は不安定で、多くのものは集合散逸をくり返しています。ところが、ある時、あるところに収斂する。すると、安定度の高い元素、鉄になります。

私たちが住んでいる太陽系の太陽も最初はほとんどが水素とヘリウムでできた恒星でした。その後、核融合が進むと周期表でいうところの、「スイヘイリーベボクノフネ」辺りまでを含んだ第2世代の恒星になります。

さらに恒星の内部で核融合が進むと、周期表の26番目にある鉄を含む第3世代に。現在の太陽は第3世代となった恒星です。周期表の27番目以降の元素ができるのは、超新星爆発によってです。宇宙には最初、スイヘイしかありませんでしたが、いろいろなものを作り出しながら、最後は鉄になっていく。

たとえば、地球が誕生した頃、あらゆる元素がドロドロとしている中で重たいものが沈んでいきます。その過程で、地球の真ん中に鉄などの重たいものが集まり、表面にはアルミニウムなどの軽いものが残っていきます。

私たちは地球を「水の惑星」と呼びますが、その総重量のうち、水の重さは0・02％ほど。表面を覆っているだけで、じつはほとんどないに等しい量です。総重量のじつに34・6％を占め、地球にいちばん多く存在する物質は鉄です。地球を「○○の惑星」と呼ぶならば、本当は「鉄の惑星」なのです。同じく他の地球型惑星（水星、金星、火星）でも鉄はその中心部に溜まっていきます。

恒星が活動を停止した後、何事も起きなければ鉄はどこにも行かず閉じ込められたままです。しかし、核融合が進み、恒星の中心部がある限界を超えると、超新星爆発が起きます。すると、超高温、超高圧の凄まじい環境ができ、それまでは起こらなかったような核融合によって、鉄よりも大きく重たい元素も一瞬の間に作られます。原子力でよく聞くプルトニウム、セシウム、ウランは超新星爆発の名残りです。

爆発によって恒星の内部から放出された鉄をはじめとするたくさんの元素は、宇宙に散らばっていきます。その散らばった元素たちが宇宙のどこかでまた集まり、新たにできたガス星雲の中で輝きだした恒星のひとつが太陽です。

そして、ガス星雲のうち太陽になりきれず、あまった元素によって形作られたのが、地球をはじめとする惑星。つまり、いったん飛び散った鉄がまた集まり、太陽ができ、地球ができ、その上に私たちが暮らしているわけです。

ですから、「私たちはどこからきたのか?」と聞かれたら、その答えは超新星爆発の残骸からです。もう少しロマンチックにいえば、星くず。スターダストです。私たちは「星くずの子ども」、スターダスト・チルドレンなのです。

鉄に隠された〝宇宙の意図〟を想像する

そして、この宇宙が十分に年をとったら、その時にはすべて鉄になってしまうのかもしれません。どれだけの時間が流れれば、十分なのかはわからないけれども、宇宙のすべての物質が鉄になってしまう時がくる。今、宇宙の年齢は138億年です。きっと、その10倍から20倍、いや、もっと遠い先の話ですが、宇宙の持っている本質は鉄に向かって突き進んでいます。

しかし、鉄だけでは生命が作れないので、いずれは生き物のすべてが滅びた静かな宇宙がやってくる。では、なぜ、宇宙は鉄を作るために動いているのか。この意味はまだ、私にもわかりません。でも、鉄には何らかの存在意義があるのでしょう。

ここで宇宙論的なユニバーサルな話から身近なローカルな鉄の話題にちょっと話を飛ばします。それは関西国際空港を建設した時のことです。海の中に空港の島を造るのに、島の下地に鉄を含む素材をずいぶんたくさん入れました。その結果、海水中に鉄が溶け出し、藻が生え、魚が集まり、大阪湾の海の生態系が活性化。東京湾でもアクアライン（東京湾横断道路）の「海ほたる」を造った時に同じことが起きたと聞いたことがあります。

ですから、鉄は宇宙論的には「すべてが静か」というイメージですが、地球の表層では生命活動の触媒として、あるいは環境の復活、生態系の活性化にも役立つ。もしかしたら、そこに宇宙の意思があるのかもしれません。

宇宙における生命の総量は素材元素の量で決まる

ビッグバンの時に水素とヘリウムができ、それが集まって恒星を作り、恒星の内部で重たい元素が作られ、超新星爆発が起きて飛び散り、またガスが集まって恒星として輝く。この宇宙では、このくり返しの中で理由はわかりませんが、鉄が重たい元素の中でいちばん安定していて〝溜まりやすい〟性質を持っています。これはまるで、宇宙は鉄になろうとしているかのように見えます。では実際に、どのようにして鉄になろうとしているのかについては、恒星の研究によって道筋がはっきりしてきました。

その一方で、「どうして鉄になるのか?」「なぜ、鉄なのか?」についてはよくわからないままです。ふつうの鉄の原子核（注81）には、陽子の数が26個、中性子が30個あります。26個と30個のものが重なって、非常に安定した原子核となっている。でも、これがなんで安定するのか? と聞かれても私はわからない、誰も知らない。

「この宇宙ではそういう風になっているからだ」としかいえません。だからこれら陽

（注81）鉄の原子核は陽子は26個で一定だが、中性子は30個の場合がいちばん多いものの違う数のこともある。このように中性子の数が異なるものを「同位体」といいます。

子26個と中性子30個の数のことを「マジック・ナンバー」という人もいます。

マジック・ナンバーに宇宙の神秘があるのだといえば、そういうことになるのでしょう。ですから、この宇宙の内部にいる私たちがいくら考えても正解にはたどり着かないのかもしれません。それでも、特別な存在である鉄を中心に宇宙を考え直していくことには意味があるはずです。

たとえば、高校の化学などで教わる元素の周期表があります。水素とヘリウムに始まり、星の内部で作られるのは26番目の鉄までです。それよりも重たい元素は超新星爆発でできることは、前項の通りです。

ここまでで元素の周期表のほとんどが埋まります。新しい元素を作ることを昔風に「錬金術」と言い換えれば、その方法は宇宙で3つしかありません。ビッグバンか、恒星の内部か、超新星爆発か。ビッグバンは過去に1度あっただけで、今も続いている錬金術の場所は、恒星の内部と超新星爆発だけです。

太陽系でいえば、太陽だけが錬金術を行っている。138億年の歴史の中で、この宇宙にはまだまだ水素とヘリウムが圧倒的に多い状態です。太陽はその水素とヘリウムの一部を〝燃やし〟ながら、他の元素を作っています。〝燃やす〟とは具体的には「核融合」のことです。核融合により、重たい元素を作るのです。

今のところ、この宇宙に私たちの体を作る窒素、炭素、リンの量はすごく少ない状態にあります。生命の素材となる元素が少量なら、生命の総量も少量になる。その量の推移によって、おそらく、宇宙における生命の総量も決まってくるわけです。宇宙は今、138億年ですが、もう138億年たったら、今より多くの生命の素材元素ができあがっているはずです。

これはあくまでも単純計算で、実際にそうなっているかどうかはわかりません。ただ、星による錬金術という視点で考えると、この宇宙はいったん生命に満ち溢れた賑やかな宇宙に向かっているように見えます。

賑やかな宇宙のなれの果ては、鉄と岩石ばかりの世界

今現在、水素の次に多いのはヘリウムで、酸素、炭素、ネオン、窒素……と続きます。しかし、ヘリウムとネオンは生命活動にほとんど関与しませんから外して考える

と、水素、酸素、炭素、窒素の順に量が多い。その後、マグネシウム、ケイ素と続いて、次に鉄が登場します。じつは、鉄は重い元素である割には上位にランクされているのです。

その鉄ですが、重たいがために一度できると恒星でも惑星でも内部の深いところに沈んで溜まっていきます。しかも、鉄は元素の中で最も安定しているため、残りやすい性質を持っています。ですから、この宇宙が生命に彩られる間にも鉄の相対的な割合はどんどん増えていく。今、地球のような岩石惑星にある鉄の質量は全体の3分の1ほどですが、もう138億年たったらもっと多くなっているはずです。

鉄の割合がどんどん増えていく一方、ケイ素も安定した元素として宇宙に溜まっていきます。すると、鉄とケイ素がこの宇宙の元素の代表格となっていく。ケイ素は基本的に岩石を作る成分ですから、現在の命に満ち溢れた賑やかな宇宙のはるか究極の先にあるのは、鉄と岩石ばかりの世界です。ただ、そこに至るまでの間、地球型生命体のような炭素生物がもっと多くなり、宇宙がもっとたくさんの生命に満ち溢れるでしょうけど。

少なくとも私たちの太陽はその大きさから超新星爆発をせずに寿命を終えますか

ら、太陽からは生命の素材となる元素が新たに宇宙空間に放出されることはないと考えられます。スターダストを飛び散らすことなく、静まり返り、冷たくなっていく状態が、私たちの太陽の錬金術のゴールなのでしょうか。

鉄を切り口に、太陽の終わりや宇宙の終焉を想像する。自分の命はもちろん、生命種としての人間が存続していることすらわからないのに、そんな遠い将来のことまで考えることができるのが、人間のおもしろいところです。

超新星爆発で地球滅亡の危機!?

オリオン座の恒星が爆発すると?

超新星爆発は「新星」というところから新しい星の誕生かと思わせますが、実際のところは逆で、恒星の最期、なれの果てに起きる出来事です。恒星の末期の状態をなぜ、新星というのか。それは地球から見て、今まで見えなかった星が、突如として輝きを増して見えるようになるからです。

かつて天文学者はそうした星を「新しい星」と呼んでいました。新星とはいうものの、実際は老星のこと。そして、新星よりずっと明るく輝くものが「超新星」で、恒星の末期の大爆発現象が超新星爆発というわけです。

言い換えれば、超老星爆発。これが起きるか起きないかの分岐点は、その恒星が「太陽の約8倍質量」であるかどうか。太陽は超新星爆発をしないと前述したのはそのためです。

この分岐点よりも小さな恒星では超新星爆発が起きず、これより大きいと超新星爆発が起きるわけです。じつは今、私たちが普段、夜空を見上げて見ることのできる恒星が超新星爆発を起こすのでは……といわれています。その恒星は、オリオン座の右肩にある1等星で、オリオン座でいちばん明るい星（アルファ星）であるベテルギウス（注82）。

このベテルギウスは「脈動変光星」といって、星自体の明るさが脈打つように変わる恒星として知られています。そもそも太陽くらいの大きさでも、太陽より大きな恒

（注82）ベテルギウスはオリオン座以外に、シリウス、プロキオンとともに冬の大三角を形作っていることでも有名です。オリオン座にはもうひとつ「リゲル」（オリオン座ベータ星）という1等星がありまして、ふだんはリゲルのほうが明るいのですが、〝脈動〟の極大期にはベテルギウスのほうが明るくなることがあります。

星でも、脈動するのは星の寿命の末期症状といわれています。しかも、ベテルギウスでは、末期どころか、死線期と目される現象も観察されました。

というのも、その大きさ（直径）が急に15％も小さくなったのです（注83）。元々、太陽の約700倍から1000倍の大きさがあり、約8倍から20倍の重さがあると推測されるベテルギウスだけに、小さくなったといっても木星の軌道より少し小さい程度。太陽の約8倍質量が分岐点とするなら、今まさに死線期を迎えているベテルギウスがその生涯の最後に超新星爆発を起こす可能性は高いと見られています。

しかし、目で見える距離にある恒星が超新星爆発を起こしたとして、地球に影響は及ばないでしょうか？

仮にベテルギウスが太陽系の近くにある恒星で、しかも、その自転軸が太陽系を向いていたとしたら、地球にとんでもない大災厄が降りかかることになっていたでしょう。

その大災厄とは、放射線のガンマ線です。超新星爆発で放出されるガンマ線には「ガンマ線バースト」という、人類の経験したことがないとんでもないガンマ線ビームがあるといわれています。

（注83）ベテルギウスはハッブル宇宙望遠鏡で直接撮影され、太陽以外で初めて直径がちゃんと計られた恒星です。

ここでいうビームとは、レーザーポインターからのレーザー光線のように、あまり広がらずに線状のまま遠くまで届く光線のこと。これまでの地球上で起きてきた「生物の大絶滅」のうち、約4億5000万年前から4億4000万年前にかけて発生した「オルドビス紀末の大量絶滅」（注84）は、超新星より激しい極超新星爆発からのガンマ線バーストで引き起こされたという説があります。

古生代に起きたこの大量絶滅では、三葉虫、腕足類、ウミリンゴ、サンゴ類、筆石、コノドントなど、当時に繁栄していた生物の大半が絶滅しました。ただし、ガンマ線バーストが本当に生物の大量絶滅を引き起こすのかどうか、これは誰も見たことはないので未解明のままです。

もし、ベテルギウスが地球に影響を及ぼす位置にあったとしたら、その超新星爆発は人類を滅亡に導く一大事となったかもしれません。

世紀の天体ショーを目撃できるかは運次第

幸いベテルギウスは地球から640光年も離れていて、自転軸も太陽系には向いて

（注84）　オルドビス紀末の大量絶滅の原因については、当時の大陸と海洋の配置で、ゴンドワナ大陸が南極の位置に移動したことで地球が寒冷化し、生物が大量絶滅したなど、さまざまな説が提唱されています。

いません。ですから、仮に超新星爆発によるガンマ線が全方位に放射されたとしても、それはすごく広まって薄まるはずで、ガンマ線バーストのような被害はないでしょう。つまり、ベテルギウスの超新星爆発によるガンマ線で地球が焼き尽くされるようなことはありません。

実際にベテルギウスはいつ爆発するのか。これは直前になるまでわかりません。大まかな予測では「100万年以内には必ず爆発する」といわれていますが、一方で、「すでに死線期に入っているのでいつ爆発してもおかしくない」と考えている天文学者もいます。

いずれにしろ、ベテルギウスに超新星爆発が起きれば、数日間は昼間でもはっきりと見えるほど明るく輝く世紀の天体ショーとなることでしょう。運が良ければ生きている間に肉眼で超新星爆発を目撃できるかもしれません。

ちなみに、太陽は寿命の半分を過ぎた恒星ですが、恒星としての質量が小さいので爆発はせず、いったん膨張してから収束し、消えていきます。もちろん、太陽が光を失った時、地球にも、そこに暮らす私たちにも多大な影響が出るでしょうが、その寿命は100億年と考えられているのでご安心を。太陽はあと50億年、輝き続けます。

宇宙は加速膨張を続けている

宇宙の95％は正体不明

宇宙の膨張の話をしましょう。今から１３８億年前にインフレーションという大膨張があり、その余波としてビッグバンがありました。それから今に至るまで、宇宙は常に膨張を続けています。

これはＮＡＳＡの宇宙探査機ＷＭＡＰや欧州宇宙機関（ＥＳＡ）の宇宙探査機プランクなどによって科学的に検証されていることで、銀河と銀河の間の距離は徐々に広がり、他の天体と地球との距離もだんだんと離れていることが観測されています。

かつて私は、この膨張はいずれスピードを落としていき、ある時には止まるものだと考えていました。その後、宇宙はゆっくりと収縮していくのではないか、と。

しかし、この20年ほどの間の観測によってわかったのは、膨張のスピードは衰えるどころか加速しているということでした。

　膨張が加速し出したのは、約30億年前。つまり、１３８億年前にファースト・インフレーションがあって、30億年前にセカンド・インフレーションがあったというわけです。膨張が徐々に減速し、やがて収縮に転じていく仮説は、もう過去のもの。宇宙は加速膨張しているというのが、最新の宇宙論のスタンダードです。単なる膨張ではなく、加速。この宇宙はどんどん膨張している。なんだか勢いのある話ですよね。

　そして、この加速膨張を支えているのが、「ダークエネルギー」と「ダークマター」（注85）です。２００８年３月、ＮＡＳＡは「宇宙の95％が正体不明の物質やエネルギーからできている」と発表しました。宇宙には見知らぬ物質やエネルギーが溢れていて、私たちは最新の宇宙探査機の観測によってようやくその一端について知り得るようになってきたのです。

　ダークエネルギーは正体不明の95％のうち、70％強を占めると予想される「全宇宙に満ちている謎のエネルギー」です。実体がわからないエネルギーでありながら、理論上は宇宙がどれだけ膨張してもダークエネルギーだけは満ち溢れていると考えられ

（注85）その正体を現在計画中の次世代超大型望遠鏡ＴＭＴが明らかにしてくれるかもしれません。ＴＭＴは「Thirty Meter Telescope」の略で口径30メートルの超大型望遠鏡。２０１９年の完成を目標に日本、米国、カナダ、中国、インドなどが国際協力で計画を進めています。すばる望遠鏡の後継機となる光学赤外線望遠鏡ですが、「すばる」のような一枚鏡ではなく492枚の複合鏡。「すばる」に比べて13倍の集光力と4倍の解像力があり遠くの天体を細かく、より短時間で、より多くの天体を観測できる。その性能は「月の上の蛍の光が見える」ほどだそうです。

ています。

一方、ダークマターは暗黒物質とも呼ばれ、正体不明の95％のうち20％強を占める物質。光や電波を出さず、観測はできないが重さのある物質だとされています。じつは1930年代から、こうした謎の物質が宇宙の中に存在するらしいことは知られていました。というのも、星の運動を観測していると、運動速度がかなり速く、そのままではどの星も短時間で銀河系から飛び出してしまうのです。ところが、実際にはそうはならない。ならば、何かが重力を及ぼし、星を銀河系内に引き止めるような働きをしているはずだと考えられてきたのです

つまり、加速膨張を促進させるダークエネルギーと星を安定させるダークマターの2つが引き合って、この宇宙は膨らみながらも成り立っている。そう考えると、バランスが取れるわけです。

ダークエネルギーとダークマターの正体は?

現在、宇宙論における最大の関心事は、間違いなくダークエネルギーとダークマタ

ーの正体探しです。ダークマターに関しては、最新の量子力学が予測する未発見の素粒子アクシオンなどが、その正体ではないかと期待されています。

一方、ダークエネルギーに関しては今も「あるらしい」という段階から脱していません。事の発端は１９９０年代に超新星爆発を観測することで宇宙の膨張の様子を調べている時のことでした。当時、宇宙の膨張速度は徐々に遅くなっていると考えられていました。

ところが、観測した超新星の明るさは20億年前のものは想定よりも暗く、30億年前のものは逆に想定より明るかったのです。つまり、この宇宙は30億年前までは減速膨張していたものが、30年前から加速膨張に転じたということになるのです。

当然、膨張を加速させるには何らかのエネルギーが必要となり、理論上、重力と逆の反発力（斥力）を周囲に及ぼす未知のエネルギーがあるのだろうという仮説が提唱されることに。これがダークエネルギーという考え方で、各国の研究者がさまざまなアプローチで研究を進めています。しかし、人の目では見えず、電波望遠鏡の目にも写らないため、今のところダークエネルギー（仮）という表現になります。

ですが、ダークマターとダークエネルギーについてしっかりと考えなければ、この宇宙は今、存在できないことになる。これが現代の宇宙論です。

ちなみに、正体のわかっている残りの5％は周期表に載っている元素をもとにした物質です。人間やさまざまな生命の体、大地や空気といった生命以外のもの、星そのものや宇宙空間に漂うガスなどはすべて、各種の元素でできています。

元素の主な成分である陽子や中性子のことを、素粒子物理学の世界ではバリオンと総称しています。普段、聞き覚えのない言葉かもしれませんが、このバリオンでできた物質はダークマターやダークエネルギーに比べると、私たちにとって身近で正体のよくわかっている物質なのです。

宇宙空間は物質的に薄まっていく

このまま宇宙が加速膨張を続けた場合、宇宙空間は物質的に薄まっていきます。私たちが正体を把握しているほんの5％にすぎない物質は、宇宙の膨張によってお互いにどんどん離れていく。すると、物が集まらない宇宙になります。

物質同士がお互いに遠ざかり、本当だったら寄り集まるはずのガスが集まらないくらいに広がってしまう。すると、恒星ができません。原始太陽系のガス円盤もできません。

物質と物質とが集まらないから、反応も起きない。出会いもない。何も起きない宇宙が到来する。それが現代宇宙論から帰結する宇宙の終焉です。

とはいえ、これから先、さらに私たちの知らない物質がみつかる可能性もあります。それらがどういうふうにこの後、宇宙の仕組みに関与してくるかはわからない。人間の知はどんどん進歩してきて、宇宙全体を俯瞰するまでに至ったと思われていますが、まだまだ足りない点もあるはずです。

そして、今、俯瞰し、把握できていると考えられている宇宙空間で、私たちが本当に正体を知っているのは、5％だけ。あの天才科学者アインシュタインも見通すことができなかったわけですから、何も恥じることはありません。むしろ、私たちの目の前にはまだまだ広大な未知の世界が広がっている。そのことに好奇心を躍らせていきましょう。

編集協力／佐口賢作
カバー・本文イラスト／ｍａｔｓｕ（マツモト ナオコ）
本文デザイン・ＤＴＰ／ハッシィ

著者紹介

長沼 毅 生物学者。理学博士。広島大学大学院生物圏科学研究科准教授。

1961年生まれ。筑波大学第二学群生物学類卒業、同大学大学院修了。海洋科学技術センター（現・海洋研究開発機構）研究員、米国カリフォルニア大学サンタバーバラ校海洋科学研究所客員研究員、広島大学生物生産学部助教授を経て現職。

北極・南極から深海まで…辺境を飛び回る姿から「科学界のインディ・ジョーンズ」とも呼ばれ、最も注目を集める研究者の一人。著書に『Dr.長沼の眠れないほど面白い科学のはなし』（中経出版）、『生命とは何だろう？』（集英社インターナショナル）など。


ここが一番面白《いちばんおもしろ》い！

生命《せいめい》と宇宙《うちゅう》の話《はなし》

2014年３月10日　第１刷

著　　者　長《なが》沼《ぬま》　毅《たけし》
発 行 者　小澤源太郎

責任編集　株式会社 プライム涌光
電話　編集部　03(3203)2850

発 行 所　株式会社 青春出版社
東京都新宿区若松町12番１号 〒162-0056
振替番号　00190-7-98602
電話　営業部　03(3207)1916

印　刷　中央精版印刷　　製　本　大口製本

万一、落丁、乱丁がありました節は、お取りかえします。

ISBN978-4-413-03908-6 C0045